高 等 学 校 教 材

机械制造工程实践

第二版

王永涛　张连凯　主　编

化学工业出版社

·北京·

全书分为 12 章，内容包括：金属材料与热处理基本知识、铸造成型、锻压成型、焊接成型、机械切削加工基本知识、车削加工、铣削加工、刨削加工、磨削加工、钳工、数控加工、特种加工等章节。各章的第一节均为"安全技术"内容，便于规范学生的现场操作，保证实习安全。随本书附有机械制造工程实践实习报告，帮助学生巩固和消化课堂教学内容，并便于学生最终实习报告的上交。

本书可作为高等工科院校本科各专业的机械制造实践或金工实习教材，也可作为广播电视大学、高职及专科学校金工实习用书，同时可供有关工程技术人员参考。

图书在版编目（CIP）数据

机械制造工程实践/王永涛，张连凯主编．—2 版．北京：化学工业出版社，2011.2（2023.1 重印）
高等学校教材
ISBN 978-7-122-10105-1

Ⅰ. 机… Ⅱ. ①王…②张… Ⅲ. 机械制造工艺-高等学校-教材Ⅳ. TH16

中国版本图书馆 CIP 数据核字（2010）第 241803 号

责任编辑：程树珍 金玉连　　　　　　　　　　装帧设计：张　辉
责任校对：战河红

出版发行：化学工业出版社（北京市东城区青年湖南街 13 号　邮政编码 100011）
印　　装：大厂聚鑫印刷有限责任公司
787mm×1092mm　1/16　印张 11¼　字数 274 千字　2023 年 1 月北京第 2 版第 12 次印刷

购书咨询：010-64518888　　　　　　售后服务：010-64518899
网　　址：http://www.cip.com.cn

定　　价：28.00 元

第二版前言

机械制造工程实践是一门综合性、实践性很强的技术基础课。随着近几年高校工程训练中心的建设和教学改革的发展，机械制造工程实践已突破了原来传统意义上金工实习的内涵，更加注重了对大学生工程综合能力的培养。

理论与实践结合、设计与制造结合、认知与训练结合是该课程的特点。基于多年从事金工实践教学和指导学生课外科技活动的经验以及曾经从事企业产品研发及制造的体会，根据教育部机械基础课程教学指导分委员会金工课程教学指导小组2009年修订的《普通高等学校工程材料及机械制造基础系列课程教学基本要求》的精神，考虑到多数院校现有的实习基地条件，结合不同专业对该课程的要求，我们编写了本教材。

在各院校该课程课时数有限的情况下，本教材着意尽可能突出重点，使学生既能掌握基础知识、基本技能，得到基本工程能力的锻炼，又能了解现代制造技术在当前机械制造业中的应用。在主要训练工种上，教材刻意突出了零件加工方法和加工工艺分析的内容。

本书由王永涛、张连凯担任主编，参加编写工作的教师有：李方俊（第1章～第4章）、王永涛（第5章～第7章、第9章、第10章）、康敬欣（第11章、第12章）、陈立芳（第8章）、张连凯（机械制造工程实践实习报告）。本书在编写过程中，北京化工大学机械工程训练中心贾淑芬老师和各实习工种的指导教师付俊杰、孔维礼、郭景云、吴广石、王金栋、冯力、杨艳、赵跃玲、张彦斌、杨帆等同志给予了大力帮助，提出了很好的修改意见，在此表示感谢。

本书可作为高等工科院校本科机械类专业的金工实习教材，也可作为广播电视大学、高职及专科学校金工实习用书，同时可供有关工程技术人员参考。

由于编者水平有限，书中难免存在不妥之处，恳请读者批评指正。

编者

2010年10月

第一版前言

制造业是中国经济的脊梁，而机械制造又是制造业的基础。作为工科院校的学生，无论从事何种专业，都要涉及机械制造领域的知识，石油要钻机，化工要反应釜，生物工程要有发酵罐，建筑要有钢结构框架，航海要船体，运输要车身，农业要联合收割机，航天要飞行器，气象要卫星，地质要钻机，采矿要梭车，冶金要高炉，电子要芯片，控制要传感器，计算机要存储器，方方面面都与机械制造有关。

现代科学是实验的科学，苹果落到头上的事已十分罕见，前人未做过的实验，要靠自己设计，甚至亲手加工装配，并在实验中不断发现问题，不断改进，才能获得更多的发现，赢得宝贵的时间，如果具备了相应的机械制造知识，那就如虎添翼，事半功倍。

在人类历史上，机械制造水平成为衡量人类文明的标志，如青铜与铁器，蒸汽机与电动机，汽轮机与核电站。在科学技术高速发展的今天，任何科学技术革命，也都离不开材料和装备方面新的突破。没有大型加速器，就发现不了中微子和夸克，没有纳米加工技术，就没有计算机器件的高度集成和高速发展，没有数控加工中心，就没有航天飞机和核动力潜艇。而材料制备和装备方面的突破，本身就是以机械制造业为基础的技术革命。

从学术专业角度划分，有机械制造工艺学的学科分类，这的确是一门艺术，与数、理、化的逻辑推理不同，其更着重实践和操作，更着重于技能和经验的积累。计算机专业学了五年就可以成为中级程序员，但往往20年却很难培养出一个机械制造工艺师。

但这不是可望而不可即的，所谓功夫不负有心人，从身边的机械钟表和自行车上每个零件，到公交车辆和提升电梯，甚至是三峡大坝的泄洪钢门，机械制造产品无所不在，成型方法又千差万别，机械制造工程知识是日积月累而来，加上坚韧不拔的品格、几分天赋和机遇，就会造就出像沈鸿先生那样的新一代机械工程大师。

工科院校重视学生动手能力的培养，但真正能让学生动手操作上十几天的课程就是机械制造工程实践，在这里能接触到现代制造业的各个基本环节，亲身体验各种加工操作，了解从毛坯到零件，从零件到机器的制造过程，形成制造难易程度和制造精度的概念，领会制造成本和产品利润间的关系，从单纯课堂教学以外的角度来了解现代制造业的构成。

当然机械制造工程训练的目的并非是要让每个学生都成为熟练工人，首先是要培养大家的劳动观念，产品制造过程就是劳动价值的创造过程，是汗水和智慧的结晶；其次要培养大家的团队协作精神，在今天实践过程中是各工种的协作，将来毕业后就要投入到现代化社会劳动协作中去，而这个协作是以责任和纪律来保证的；作为一门课程，同学们应该掌握最基本的操作知识和技能，这不仅需要一定的思维能力和健康的体魄，还与形体训练课一样要具备相应的肢体协调能力和节奏感，否则就很难获得优异的成绩。

对于工科院校非机械类专业的学生，在校期间没有机会接受系统的机械制造工程训练，但又必须掌握一定的现代制造工程技术知识，而目前所用的大多是机械专业类工程实践教材的缩略版本，并不适应"非机"类专业的教学。

本书是专门针对工科院校"非机"类专业机械工程实践教学环节编写的教材，集作者从事机械制造专业技术和教学 30 余年之经验与体会，完全从机械行业以外的初学者角度出发，使用通俗易懂而简练的语言，阐明机械制造工程所涵盖的最基本内容，密切结合实践操作过程，充分利用有限的实践教学环节，力求能使所学者掌握更多的技能和更系统的相关知识。

为了配合实践教学环节，作者专门为本书开发了一套计算机考试系统，用来检查同学们对实践过程中一些机械制造基础知识的掌握程度，系统采用从试题库随机抽题方式来组成试卷，答卷结束后立即自动评定成绩，既可以用于同学们自己对所学知识的测试，也极大地方便了实践教学环节考核的进行。

本书要感谢培养过作者的淮南化工机械学校、安徽理工大学和中国矿业大学北京研究生院，感谢作者所工作过的原化工部第三化工建设公司、原煤炭部三十九工程处和淮南矿业集团，感谢北京化工大学机械工程训练中心的王永涛高工和贾淑芬主任，感谢同教研室的康敬欣博士、李方俊和张东胜两位博士后，是大家的培养和鼓励才促使了本书的成稿和出版。

编者

2004 年 2 月于北京

目　　录

1 金属材料与热处理基本知识

随着人类的进步和科学技术的发展，工程材料的种类越来越多，高分子材料、陶瓷材料、复合材料等非金属材料在众多工业领域中已获得了广泛的应用。但是，到目前为止，金属材料仍然是应用面最广、应用量最大的工程材料。

1.1 金属材料的性能

制作成零件或构件的金属材料，其在使用过程中可能会承受各种各样的载荷作用，如拉、压、扭、剪、弯等。为了保证零件或构件功能的正常发挥，金属材料必须具有足够的力学性能，以抵抗载荷而不致发生断裂和严重的磨损、变形等破坏。金属材料抵抗载荷（或外力）时所表现出来的性能称为其力学性能，主要有刚度、塑性、强度、硬度、冲击韧性等。金属材料的力学性能是通过各种标准试验测订出来的。

1.1.1 弹性和刚度

金属材料的弹性、刚性、强度和塑性可以通过 GB/T 228—2002《金属材料室温拉伸试验方法》进行测定。按照标准要求，制作图 1-1(a) 所示的拉伸试样，在材料试验机上对试样的两端施加轴向静拉力，直到材料被拉断，如图 1-1(b)。

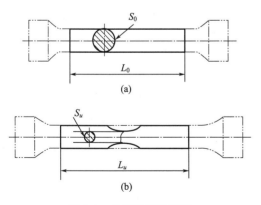

图 1-1　拉伸试样及缩颈

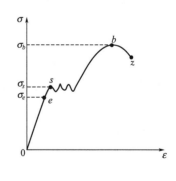

图 1-2　低碳钢拉伸图

对于低碳钢等塑性金属材料，可以得到图 1-2 所示的拉伸图。图中横坐标为试样的轴向应变，纵坐标为试样截面单位面积上的拉力，即应力。在 e 点之前，材料发生弹性变形。所谓弹性变形是指外力消除后变形也随之消除的变形。σ_e 是材料产生弹性变形所能承受的最大拉应力，该应力称为材料的弹性极限。材料在弹性状态下的应力与应变之比称为材料的弹性模量，又称作刚度。刚度表示金属材料抵抗弹性变形的能力。

1.1.2 强度

在图 1-2 中，当拉力超过 e 点时，材料产生永久性的变形，即塑性变形。特别是拉力达到 s 点时，材料会出现应力不再增加而应变继续增加的现象，此种现象称为屈服。材料产生屈服现象时的应力称为屈服极限，又称作屈服强度 σ_s。脆性材料拉伸时没有明显的屈服现象，通常规定塑性变形 0.2% 时对应的应力为其屈服极限 $\sigma_{0.2}$。当拉力达到 b 点时，材料产生缩颈现象，此时的拉应力 σ_b 为材料所能承受的最大拉应力，该应力称为材料的抗拉强度。

1.1.3 塑性

在图 1-2 中，随着拉伸过程的继续进行，材料在 z 点被拉断。材料断裂后试样长度的延伸和截面积的收缩反映了材料的塑性，故塑性通常用延伸率和断面收缩率来表示。

$$\delta = \frac{L_u - L_0}{L_0} \times 100\% \tag{1-1}$$

式中　δ——材料的延伸率；

　　　L_u——试样断裂后的长度，mm；

　　　L_0——试样原始长度，mm。

$$\psi = \frac{S_0 - S_u}{S_0} \times 100\% \tag{1-2}$$

式中　ψ——材料的断面收缩率；

　　　S_u——试样断裂后的截面积，mm^2；

　　　S_0——试样原始截面积，mm^2。

1.1.4 硬度

材料抵抗另一硬物体压入其内的能力叫硬度。硬度反映了材料受压时抵抗局部塑性变形的能力。金属材料的硬度可用各种硬度计来测定，通常使用的硬度计有布氏硬度计、洛氏硬度计和维氏硬度计。各种硬度计的原理基本相同，都是利用施加的载荷将比较硬的压头压入被试材料，根据被试材料表面出现的微小凹坑的面积或深度来评定材料的硬度。常见的硬度有布氏硬度（HBC）、洛氏硬度（HRC）和维氏硬度（HV）。各种硬度之间的换算可参见 GB/T 1172—1999《黑色金属硬度及强度换算值》。

1.1.5 冲击韧性

冲击韧性是材料抵抗冲击载荷作用下断裂的能力。GB/T 229—2007《金属材料夏比摆锤冲击试验法》给出了金属材料的一种冲击试验方法，将规定几何形状的缺口（V 形或 U 形）试样置于试验机两支座之间，缺口背向打击面放置，用摆锤一次击断试样，测定试样的吸收能量。通过式(1-3)计算获得的冲击韧度可以表示金属材料的冲击韧性。

$$a_k = \frac{A_k}{S_0} \tag{1-3}$$

式中　a_k——冲击韧度，J/m^2；

　　　A_k——试样击断所消耗的冲击功，J；

　　　S_0——试样缺口处的原始截面积，m^2。

金属材料的力学性能还有疲劳强度、断裂韧性等指标。疲劳强度反映材料抵抗周期性交变载荷破坏作用的能力。断裂韧性反映材料抵抗其内部裂纹扩展破坏的能力。

金属材料在制作成零件或构件时，除了考虑其力学性能外，还要考虑其物理性能、化学性能和工艺性能。

金属材料的物理性能包括密度、熔点、导热性、导电性、热膨胀性和磁性等。金属材料的化学性能主要有耐腐蚀性、抗氧化性和热化学稳定性等。金属材料在常温下抵抗氧、水蒸气等化学介质腐蚀破坏作用的能力称为耐腐蚀性；金属材料在加热时抵抗氧化作用的能力称为抗氧化性；金属材料在高温下的耐腐蚀性和抗氧化性称为热化学稳定性。

金属材料的工艺性能是指其在特定工艺条件下制作成产品的难易程度。金属材料的工艺性能包括铸造性能、锻造性能、焊接性能、切削加工性能和热处理性能等。不同的金属材料具有不同的工艺性能，在选择加工方法时应特别注意。例如，灰铸铁的铸造性能和切削加工性能良好，而锻造及焊接性能都比较差，一般采用先铸造成型，再切削加工和热处理获得所需要的成品。

1.2 钢与铸铁

1.2.1 钢与铸铁的成分

钢和铸铁是主要由铁和碳两种元素组成的合金。其中铁的含量很高，碳的含量一般不足5%。含碳量低于0.05%的铁碳合金为熟铁，含碳量高于2.11%的铁碳合金为铸铁（或生铁），含碳量在0.05%～2.11%之间的铁碳合金为碳钢。

碳元素可以被固态铁所溶解，形成碳在铁中的固溶体，即铁素体。固态铁溶解碳的能力十分有限，那些不能被溶解的碳元素可以与铁生成化合物（最常见的化合物为渗碳体），也可以单独以石墨的形式出现在铁碳合金中。铁素体硬度低，塑性很好；渗碳体则脆而硬；石墨的强度、硬度和塑性都很差。

对于碳钢来说，碳除了极少量溶解在固态铁中形成铁素体外，其余的碳与铁生成渗碳体化合物。随着含碳量增加，钢中渗碳体增多，硬度和强度也增大。当含碳量接近2%时，渗碳体成分太多，钢容易脆裂，所以工业用钢的含碳量一般小于2%。其中含碳量高于0.6%的为高碳钢，含碳量在0.4%～0.6%的为中碳钢，含碳量低于0.4%的为低碳钢。

在碳钢中加入Mn、Ni、Cr、W、Si、Cu等元素而形成的合金为合金钢。随着加入元素种类和含量的不同，可以获得各种不同性能的合金钢。

铸铁的含碳量在2.11%以上，通过石墨化处理，大部分碳元素以石墨形式分布在与钢类似的铸铁基体之中。这些石墨割裂了铸铁的基体，使得铸铁的抗拉强度和塑性明显降低，但具有很好的抗压强度和润滑性能。

1.2.2 钢的种类和牌号

钢的种类繁多，我国通常按照钢的成分分为碳素钢和合金钢；按照钢的用途分为结构钢、工具钢和特殊性能钢；按照质量分为普通、优质和高级优质钢。

钢的牌号就是它们的名称，一般根据其包含的成分或使用性能进行命名。下面对钢牌号进行简要说明，并指出它们的含义、用途和常用热处理方法。

（1）碳素结构钢

碳素结构钢牌号以拼音字母屈服强度第一个字母"Q"起首，后面数字为屈服强度数值，如Q350表示该种钢可以保证屈服极限不低于350MPa，参见GB/T 700—2006《碳素结构钢》。这种钢的牌号有Q195、Q215、Q235和Q275等，一般热轧制成型材使用，如板材、管材、圆钢、角钢等，热轧后在空气中冷却，处于正火状态。

（2）优质碳素结构钢

优质碳素结构钢对硫、磷等杂质成分含量控制比较严格，其牌号以碳含量的万分数表示，参见 GB/T 699—1999《优质碳素结构钢》。08、10、15、20、25 等号钢含碳量低、强度低、塑性和可焊性好，多制作成薄板，以用来制造容器、冲压件和焊接件，或用来制造螺母、螺钉和需要渗碳的零件。30、35、40、45、50 等号钢含碳量中等，综合力学性能较好，通常经过淬火和回火处理，用来制造轴、齿轮、连杆等类零件。55、60、65、70 等号钢含碳量较高，通常经过淬火和回火处理，用来制造弹簧和钢丝绳等。

（3）碳素工具钢

碳素工具钢的牌号以字母 T 打头，后面数值为碳含量的千分数，如 T8、T10、T12 等，参见 GB/T 1298—2008《碳素工具钢》。这种钢通常经过淬火后低温回火处理，用来制造钳工工具，如锉刀等。

（4）低合金高强度结构钢

低合金高强度结构钢的牌号以拼音字母屈服强度第一个字母"Q"起首，后面数字为屈服强度数值，参见 GB/T 1591—1994《低合金高强度结构钢》。这种钢的牌号有 Q295、Q345、Q390、Q420 和 Q460 等。这种钢由于加入了少量的合金元素，其力学性能比碳素结构钢好，用它代替碳素结构钢，可大大减轻结构重量。一般在热轧空冷状态下使用，用来制造桥梁、车辆、船舶、高压容器和油气管道等。

（5）合金结构钢

合金结构钢的牌号以碳含量的万分数，后面加注合金元素的符号和含量来表示，参见 GB/T 3077—1999《合金结构钢》。如 20Cr 为添加铬元素的渗碳钢，40Cr 为添加铬元素的调质钢，用于制造重要轴类零件。

（6）合金工具钢

合金工具钢的牌号以碳含量的千分数，后面加注合金元素的符号和含量来表示，参见 GB/T 1299—2000《合金工具钢》。这种钢一般需要淬火和低温回火处理，用来制作各类工具。如 9SiCr 为添加硅和铬元素的合金工具钢，一般制作量具和刃具。9Mn2V 为添加锰和钒元素合金工具钢，一般制作冷作模具。高速钢是一类专门的合金工具钢，参见 GB/T 9943—2008《高速工具钢》。其典型牌号为 W18Cr4V，淬火后低温回火处理，用来制作刃具。

（7）特殊性能钢

特殊性能钢具有特殊的物理、化学或力学性能，如不生锈、耐热及耐磨等。其牌号参见 GB/T 20878—2007《不锈钢和耐热钢 牌号及化学成分》、GB/T 5680—1998《高锰钢铸件》。12Cr18Ni9（旧牌号为 1Cr18Ni9）为奥氏体不锈钢或耐热钢，既耐热又不生锈，一般经固溶处理后使用；ZGMn13 是典型的耐磨钢，铸造后退火使用，用来制造履带和铁轨分道叉等。

（8）铸钢

铸钢主要用于生产形状复杂，需要一定力学性能的零件，如重型机械齿轮、缸体等。包括铸造碳钢和铸造合金钢。其牌号参见 GB/T 5613—1995《铸钢牌号表示方法》，铸造碳钢的常见牌号有 ZG25、ZG35 和 ZG45 等。

1.2.3　铸铁的种类和牌号

铸铁是含碳量大于 2.11% 的铁碳合金，另外还含有硅、锰、硫、磷等元素。根据碳在铸铁中存在形式的不同，铸铁可分为白口铸铁、灰口铸铁和麻口铸铁。

在白口铸铁中，碳除了微量溶解在铁素体之中外，其余全部以渗碳体形式存在，形成大量的莱氏体。白口铸铁因断口呈白色而得名，一般很少用来制造零件。

在灰口铸铁中，碳除了微量溶解在铁素体之中外，其余全部或大部以石墨形式存在，没有莱氏体。灰口铸铁因断口呈灰色而得名，其应用最广。

在麻口铸铁中，碳除了微量溶解在铁素体之中外，既能生成渗碳体并形成莱氏体，又能以石墨形式存在。麻口铸铁因断口有灰、白相间的麻点而得名，一般很少用来制造零件。

对于灰口铸铁来说，石墨形状对其性能的影响是比较大的。因此，根据石墨形状的不同，灰口铸铁又分为四种：灰铸铁、球墨铸铁、蠕墨铸铁和可锻铸铁。

（1）灰铸铁

铸铁中的石墨呈片状。如果在铁水浇注前加入孕育剂，就会促进碳元素的石墨化，形成灰铸铁。微小片状石墨割裂了铸铁的基体，使之抗拉能力不高，但却有很好的抗压能力，铸铁中石墨还能起到减振和润滑作用，所以灰铸铁常用于铸造机床或设备的底座和导轨。

根据 GB/T 5612—2008《铸铁牌号表示方法》，灰铸铁的牌号以"HT"起首，后面三位数字为最低抗拉强度数值，如 HT200 表示该铸铁的最低抗拉强度为 200MPa。灰铸铁共有 HT100、HT150、HT200、HT250、HT300、HT350 六个牌号。

（2）球墨铸铁

铸铁中的石墨呈球状。如果在铁水浇注前加入稀土镁球化剂和孕育剂，就会促进石墨球形化，形成球墨铸铁。微小球状石墨割裂铸铁基体的作用远小于片状石墨，所以球墨铸铁抗拉能力比灰口铸铁高得多，可以代替钢生产发动机连杆和曲轴类零件。

球墨铸铁的牌号以"QT"起首，后面有两组数字，中间用"-"隔开，第一组数字为最低抗拉强度数值，单位为 MPa，第二组数字为延长率数值。球墨铸铁有 QT400-17、QT420-10、QT500-5、QT600-2、QT700-2、QT800-2、QT1200-1 等牌号。

（3）蠕墨铸铁

铸铁中的石墨呈蠕虫状。如果在铁水浇注前加入稀土镁钛合金蠕化剂和孕育剂，就会促进石墨形状变为蠕虫状，形成蠕墨铸铁。蠕墨铸铁的力学性能介于灰铸铁与球墨铸铁之间，抗拉强度优于灰铸铁，且具有一定韧性，但强度与韧性都比球墨铸铁差。由于其耐热性和导热性优良，常用于铸造柴油机汽缸盖等工作温度较高的零件。

蠕墨铸铁的牌号以"RuT"起首，后面三位数字为最低抗拉强度数值，如 RuT420 表示该铸铁的最低抗拉强度为 420MPa。蠕墨铸铁共有 RuT420、RuT380、RuT340、RuT300、RuT260 五个牌号。

（4）可锻铸铁

铸铁中的石墨呈团絮状。可锻铸铁是白口铸铁经石墨化退火而形成的一种铸铁，团絮状石墨割裂铸铁基体的作用比片状石墨小，所以可锻铸铁抗拉能力比灰口铸铁明显提高。由于白口铸铁的流动性好，可锻铸铁常用来制造形状复杂、承受冲击载荷的薄壁零件，如棘轮等。

可锻铸铁其实是不可锻造的，其主要分珠光体可锻铸铁和黑心可锻铸铁两类。珠光体可锻铸铁的牌号有 KTZ450-06、KTZ550-04、KTZ650-02、KTZ700-02 等。黑心可锻铸铁的牌号有 KTH300-06、KTH330-08、KTH350-10、KTH370-12 等。牌号后面的第一组数字为最低抗拉强度数值，单位为 MPa，第二组数字为延长率数值。

1.3　热处理基本知识

钢的热处理就是将钢加热到一定温度以上，保温一段时间，再以不同速度冷却，从而改变钢内部组织和力学性能的工艺方法。

如图 1-3 所示，如果保温后快速冷却，如在水或油中冷却，则称为淬火。淬火能明显提高工件的硬度，但是由于冷却速度太快，会使工件内应力增大，产生淬火应力。如果保温后缓慢冷却，如在加热炉中慢慢冷却或埋在石灰中冷却，则称为退火。退火能得到接近平衡状态的组织，不会产生内应力。如果在空气中冷却，所获得的组织比退火得到的组织细，综合力学性能较好。

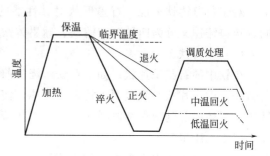

图 1-3　钢热处理工艺曲线示意图

钢件淬火后再进行加热、保温并冷却到室温的热处理工艺称为回火。回火时的保温温度要低于退火时的保温温度，否则就成了退火。依据回火时保温温度的高低，回火分为三种类型：低温回火、中温回火和高温回火。低温回火主要用于消除淬火应力，常用于工具处理；中温回火可以明显改善工件的冲击韧性，常用于弹性元件处理，如弹簧等；高温回火可以获得比较好的综合力学性能。"淬火＋高温回火"也称为调质处理，常用于一些重要零件处理，如轴类零件。

只对零件表面进行加热和快速冷却的热处理称为表面淬火。表面淬火能使零件表面获得较高的硬度。对于低碳钢零件，可以先将碳元素渗入其表面，然后再表面淬火，就能获得表面硬度很高但内部综合力学性能较好的零件，这种热处理称为渗碳。

1.4　有色金属及其合金

金属分为两大类，即黑色金属和有色金属。铁、铬、锰及它们的合金属于黑色金属，除此之外的金属均属有色金属。许多有色金属具有比强度高、导电性好、导热性好及耐热、耐腐蚀等特点，已成为现代工业不可缺少的材料。

1.4.1　铝及铝合金

铝及铝合金具有密度小、比强度高、导电性好、抗大气腐蚀能力强、磁化率极低等特点，在电气工程、航空航天及机械工业中有着广泛的用途。

纯铝中的铝含量不低于 99.00%。纯铝强度很低，不适于作为结构零件的材料，主要用来制作电容器、铝箔、电线及强度要求不高的器皿。

在铝中加入铜、锰、硅、镁、锌等合金元素而形成的铝合金，其力学性能大大提高，在工程结构上获得了广泛的应用。铝合金分为变形铝合金和铸造铝合金两大类。

变形铝合金中合金元素的含量一般比较低，其塑性好，适于变形加工。纯铝及变形铝合金的牌号参见 GB/T 16474—1996《变形铝及铝合金牌号表示方法》。牌号由四位字符来表示，其中第一、三、四位为阿拉伯数字，第二位为英文大写字母。牌号的第一位数字表示主要合金元素，其中2、3、4、5、7表示主要合金元素分别为铜、锰、硅、镁、锌；1表示没有主要合金元素，即铝含量不低于99.00%的纯铝。第二位的英文大写字母表示原始合金的改型情况，A表示原始合金，其它字母为原始合金的改型合金。第三、四位数字表示顺序号。

3A21及5A05是不能通过热处理进行强化的铝合金，强度较低，常用来制造中、低载荷的零件和制品，如管道、铆钉等。2A01及2A11是可以通过热处理进行强化的铝合金，强度较高，常用来制造中等载荷的零件和构件，如螺旋桨叶片等。2A14具有良好的热塑性和锻造性能，用来制造承受重载荷的锻件。7A04、7A09是强度最高的一类铝合金，常用来制造飞机大梁、起落架等。

铸造铝合金中合金元素的含量一般比较高，其流动性好，适于铸造。铸造铝合金的牌号参见GB/T 8063—1994《铸造有色金属及其合金牌号表示方法》，牌号反映了铸造铝合金中的合金元素及其含量，但不够简洁。铸造铝合金的代号由字母"Z"、"L"及其后面的三个阿拉伯数字组成，ZL后面第一个数字表示合金系列，其中1、2、3、4分别表示铝硅、铝铜、铝镁、铝锌系列合金，ZL后面第二、三两个数字表示顺序号，参见GB/T 1173—1995《铸造铝合金》。

铝硅系列铸造铝合金通常称硅铝明，其中ZL102（硅含量10%～13%）为简单硅铝明，其铸造性能良好，但强度较低，常用来制造结构复杂但强度要求不高的铸件，如水泵壳体等。

1.4.2 铜及铜合金

纯净的铜呈紫红色，常称紫铜。紫铜的品种有纯铜、无氧铜、磷脱氧铜和银铜等，它们具有极好的导电性和导热性，良好的耐蚀性能和优秀的塑性变形性能，常用于导电、导热和耐蚀领域，但由于强度低而不宜作结构材料。

在铜中加入锌、锡、硅、镍等合金元素而形成的铜合金，其强度和硬度大大提高，同时还保留了紫铜的某些优良性能，在工程结构上获得了广泛的应用。

以锌为主要合金元素的铜合金称为黄铜。按照化学成分分，黄铜有普通黄铜和复杂黄铜两类。普通黄铜是铜锌二元合金，锌含量对黄铜的性能有很大影响。普通黄铜的代号由字母"H"及其后面的数字组成，如H80，数字表示铜含量的百分数。在铜锌合金中加入铝、铅、锡等元素而形成的合金为复杂黄铜。复杂黄铜的代号编制方法为：H＋主加元素符号＋铜含量的百分数-主加元素含量的百分数，如HPb63-3。普通黄铜一般用来制作热交换器、散热器、弹壳等，复杂黄铜一般用于制作船舶上使用的零件。

按照加工方法分，黄铜有加工黄铜和铸造黄铜两大类。上文代号是针对加工黄铜而言的，若在上述代号前加字母"Z"，如ZH62、ZHAl67-2.5，则表示铸造黄铜。

以锡、铝、铍、铅、硅、锰为主要合金元素的铜合金称为青铜。青铜也分加工青铜和铸造青铜两大类。加工青铜的代号编制方法为：Q＋主加元素符号＋主加元素含量的百分数-其它元素含量的百分数，如QSn4-3。铸造青铜是在前面加"Z"字。青铜一般用来制造弹簧等弹性元件、轴承、蜗轮、蜗杆等耐磨性要求很高的零件。

2 铸造成型

2.1 铸造成型概述

将液态金属材料注入到与铸件形状相适应的铸型中，待其凝固后获得毛坯或零件的加工方法称为铸造。铸造适宜于生产那些具有复杂形状或内腔的毛坯和零件，如发动机缸体、暖气片和自来水龙头等。

合金的铸造性能是指合金在铸造整个过程中，为获得外形正确、内部无缺陷的铸件而表现出来的性能。合金的铸造性能具体表现为合金的流动性、吸气倾向、收缩性能和偏析倾向等。显然，流动性好、吸气倾向小、收缩小和偏析倾向小的铸造合金具有好的铸造性能。

常见的铸造合金有铸铁、铸钢和铸造有色合金等，其中铸铁（特别是灰铸铁）应用最为普遍。

2.2 砂型铸造

在铸造过程中，首先需要制作铸型。铸型由型（芯）砂构成的铸造方法称为砂型铸造。图 2-1 为砂型铸造的铸型装配图，铸造完后打碎铸型取出如图 2-2 所示的铸件。

砂型铸造的主要工序有：制模、配砂、造型、造芯、合型、熔炼、浇注、落砂、清理和检验等。

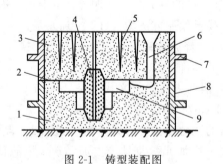

图 2-1　铸型装配图

1—下砂型；2—分型面；3—上砂型；4—砂芯；5—透气孔；
6—浇注系统；7—上砂箱；8—下砂箱；9—型腔

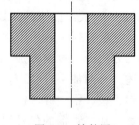

图 2-2　铸件图

2.2.1　型砂

型砂的主要成分是耐高温的石英。一般型砂中掺有黏土做黏合剂，并加入适量水分，使得型砂容易成型并且铸型也具有一定强度。但黏土不能太多，否则影响透气性。型砂也要控制水分，型砂太湿，浇注时遇热会变成水蒸气，在铸件表面形成气孔。

砂芯四周被高温液态金属所包围，因此制作砂芯的芯砂应具有更高的强度、透气性、耐火性和退让性。

2.2.2 模型

型腔是将埋入型砂中的模型取出之后形成的。模型常用木材制作，也称为木模。模型的形状与铸件相似，二者主要区别如下：由于铸件在型腔中冷却到室温会发生固态收缩，故模型需要在铸件尺寸基础上放大一个收缩余量；对于有砂芯的铸型，模型应比铸件多一些需要的芯头，如图 2-3 所示，以在型腔中形成安装砂芯的芯头座。

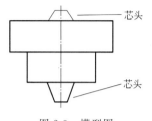

图 2-3 模型图

2.2.3 分型面

为了便于模型的取出，铸型一般都是可剖分的，这个将铸型分开的面就是分型面。浇注时分型面一般处于水平位置。分型面应选择在铸件的最大截面处，以便于取出模型。分型面的数量应尽可能少。

2.2.4 浇注位置

铸件的浇注位置是指浇注时铸件所处的空间位置。在选择浇注位置时，应使铸件上的重要表面、薄壁部位放在型腔的下部，厚大部位放在型腔的上部或侧面。

2.2.5 浇注系统

铸型上都要开设浇注系统。浇注系统的作用是引导液态材料进入型腔，并且还起到防止浮在液态材料上面的杂质进入型腔的挡渣作用。浇注系统由外浇口、直浇道、横浇道和内浇道组成，如图 2-4 所示。

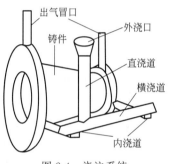

图 2-4 浇注系统

2.2.6 造型方法

用砂型及模型等工艺装备制造铸型的过程称为造型。造型的方法分为手工造型和机器造型。

（1）手工造型

手工造型操作灵活，工艺装备简单，但生产率低，劳动强度大，对操作人员的技术要求高，适用于单件小批量铸件的生产。常用的手工造型方法有整模造型、分模造型、挖砂造型、假箱造型、活块造型、刮板造型等。

① 整模造型　模型为一整体，造出的型腔一般处于下箱之中。如图 2-5 所示为整模造型的过程。

② 分模造型　分模造型一般分为两箱分模造型和三箱分模造型。两箱分模造型的模型沿最大截面处分开，造出的型腔由上、下箱内的空腔组合而成。如图 2-6 所示为两箱分模造型过程。

③ 挖砂造型　模型为整体，但最大截面又不处于上下箱之间的平面上，只有挖出一些型砂才能将模型取出，因此得名。注意，挖砂造型的分型面不再是一平面。图 2-7 所示为挖砂造型过程。

④ 假箱造型　假箱造型是利用预先制好的半个铸型（即假箱）代替底板，省去挖砂的造型方法，如图 2-8 所示。假箱只参与造型，不用来组成铸型。其它造上型和合型的操作与挖砂造型相同。

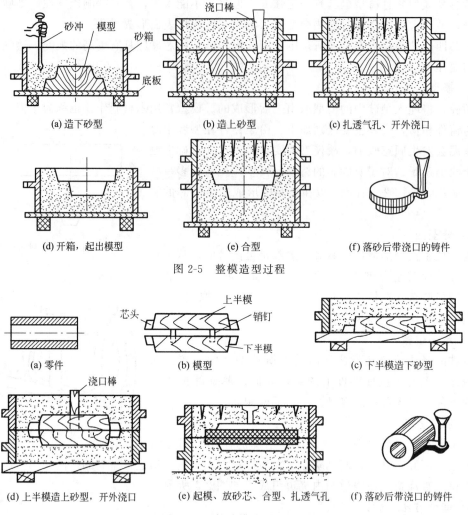

(a) 造下砂型　　　(b) 造上砂型　　　(c) 扎透气孔、开外浇口

(d) 开箱，起出模型　　　(e) 合型　　　(f) 落砂后带浇口的铸件

图 2-5　整模造型过程

(a) 零件　　　(b) 模型　　　(c) 下半模造下砂型

(d) 上半模造上砂型，开外浇口　　　(e) 起模、放砂芯、合型、扎透气孔　　　(f) 落砂后带浇口的铸件

图 2-6　两箱分模造型过程

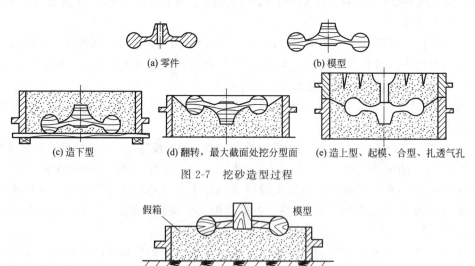

(a) 零件　　　(b) 模型

(c) 造下型　　　(d) 翻转，最大截面处挖分型面　　　(e) 造上型、起模、合型、扎透气孔

图 2-7　挖砂造型过程

图 2-8　假箱造型

⑤ 活块造型　为了铸造侧面有局部凸起的铸件，可以在模型上加装可拆卸的活块，取模时先将模型取出，再从型砂中取出活块，就可以制成需要的型腔。图 2-9 所示为活块造型过程。

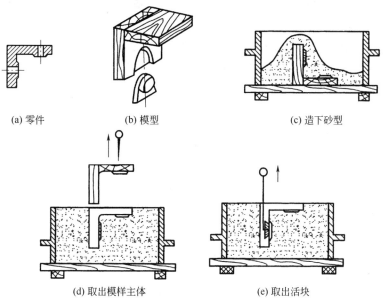

(a) 零件　　　　　(b) 模型　　　　　(c) 造下砂型

(d) 取出模样主体　　　　　(e) 取出活块

图 2-9　活块造型过程

⑥ 刮板造型　模型仅为与型腔截面相近的薄板，造型时沿型腔中心线旋转，就能刮出回转体型腔。模型仅是一个薄板，比制造整个木模要省工省料，适于单件生产大、中型回转体铸件。

（2）机器造型

机器造型是用机械全部或部分地完成造型操作的方法。至少造型过程中的紧砂和起模过程应使用机械完成。机器造型生产效率高，铸件精度较高且比较稳定，但设备及工装费用高，适合于大批量铸件的生产。

如长春第一汽车制造厂引进的美国克莱斯勒公司发动机生产线，每年要配套 20 万只铸铁曲轴箱，如果手工造型，生产效率和成品率都无法满足需要。所以在这条生产线上从配砂、造型、起模、合箱、浇注、开箱、清砂直到切除浇冒口全部依靠机械进行，并利用工业自动化控制技术，实现流水作业，不仅效率高，而且铸件质量也能得到保证。

2.3　金属的熔炼与浇注

用于铸造的金属材料主要有铸铁、铸钢、铸造铝合金及铸造铜合金等。这些金属材料在浇注前必须使用熔炼设备进行熔炼。

2.3.1　金属的熔炼

金属熔炼的主要要求有：温度控制可靠、化学成分合格、能源消耗低、金属烧损少、熔炼速度快。总之，金属熔炼应具有优质、高效和低能耗的特点。

熔炼铸铁的设备主要有冲天炉和感应电炉，熔炼铸钢的设备主要有感应电炉，熔炼铝合金和铜合金等有色金属的设备主要有感应电炉和坩埚炉。

（1）冲天炉

一种立式圆筒形熔炉，金属与燃料直接接触，从风口鼓风助燃，能连续熔化金属。冲天炉一般由炉体、炉顶、加料系统、送风系统和前炉组成，如图2-10所示。

炉体的主要作用是完成炉料预热、熔化和铁水的过热；炉顶的火花捕集器主要起除尘作用；加料系统起到往炉体内加炉料的作用；送风系统向炉体内鼓风助燃；前炉起贮存铁水的作用。

冲天炉主要用于熔炼铸铁，其具有结构简单、建造费用低、故障少且易于维修、生产效率高、生产成本低等优点，但同时也存在污染环境、温度波动较大、金属液易受到焦炭污染（如增硫）等问题。

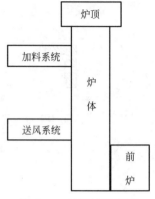

图2-10　冲天炉示意图

（2）感应电炉

利用感应电流在炉料中发热来熔化金属或保温金属液的炉子。

感应电炉的结构如图2-11所示。坩埚外缠绕的感应线圈在接通某一频率的交流电时，坩埚内的金属炉料在感应电流的作用下被加热至融化或过热状态。

感应电炉对金属材料加热具有加热效率高、加热速度快和低耗节能等优点。按照交流电工作频率的不同，可分为以下三种。

① 高频感应电炉　频率在10000Hz以上，容量较小，一般在50kg以下，主要在实验室或小规模生产中熔炼特种合金。

② 中频感应电炉　频率在250～10000Hz之间，容量范围比较大，主要用于特种钢和优质铸铁的熔炼，也可以用于铜、铝等有色金属及其合金的熔炼。

③ 工频感应电炉　频率为50Hz，容量在500kg以上，主要用于铸铁和铸钢的熔炼，也可以用于铜、铝等有色金属及其合金的熔炼。工频感应电炉不需要昂贵的变频设备，但容量小时是不经济的。

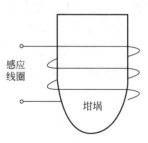

图2-11　感应电炉示意

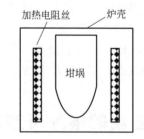

图2-12　坩埚电阻炉示意图

（3）坩埚电阻炉

利用坩埚外面的电阻元件的发热来加热和熔化坩埚里面的金属或非金属材料的炉子。

坩埚电阻炉的结构如图2-12所示，它是利用热量的传导和辐射原理对材料进行加热和熔炼的，其加热速度慢，加热温度也比较低。所使用的坩埚容量一般都比较小，常用于少量有色金属的熔炼。坩埚电阻炉的生产厂商很多，北京电炉厂生产的SG$_2$系列坩埚电阻炉的技术规格如表2-1所示。

表 2-1 SG₂ 系列坩埚电阻炉的技术规格

型号	SG₂-1.5-10	SG₂-3-10	SG₂-5-10	SG₂-7.5-10
额定功率/kW	1.5	3	5	7.5
使用电压/V	220	220	220	380
频率/Hz	50	50	50	50
相数	单	单	单	3(Y)
最高工作温度/℃	1000	1000	1000	1000
达到最高温度所需时间/min	90	90	90	90
炉膛尺寸/mm×mm	$\phi100\times150$	$\phi150\times200$	$\phi200\times250$	$\phi250\times300$
配用热电偶	镍铬-镍硅	镍铬-镍硅	镍铬-镍硅	镍铬-镍硅
质量/kg	50	73	91	128

2.3.2 浇注

将熔化后的液态金属浇入铸型的过程称为浇注。浇注是铸件生产过程中的重要环节之一，对铸件质量有很大影响。在浇注过程中应注意以下几点。

（1）浇注温度

浇注温度过低，金属的流动能力下降，易引起冷隔、浇不足等缺陷。浇注温度过高，金属液的收缩量和含气量增加，易引起裂纹、气孔等缺陷。浇注温度与金属种类和铸件结构尺寸等因素有关。对于壁厚 4mm 以内的灰铸铁，浇注温度在 1360～1450℃ 之间。铝合金的浇注温度一般在 680～780℃ 之间。

（2）浇注速度

浇注速度慢，金属液对型腔表面的烘烤时间长，易引起夹砂结疤等缺陷。浇注速度快，金属液对型腔表面有较大的冲刷作用，易引起冲砂等缺陷。浇注速度与金属种类、铸件结构尺寸和浇注系统等因素有关。一般情况下，浇注速度应尽可能快些。

铝合金具有降温快、易氧化、吸气能力强等特点。因此，铝合金浇注速度宜快不宜慢，以防止浇不足、夹砂等缺陷的出现；浇注温度要严格控制，以防止析出性气孔的出现；金属液表面总是覆盖一层极薄的氧化膜，浇注过程中应保证该膜不会破裂，以防止氧化膜进入金属液内部形成氧化夹杂物。

2.4 铸件的落砂、清理及常见缺陷分析

2.4.1 落砂

将铸件从砂型中取出的过程称为落砂。落砂时间太早，使高温铸件直接暴露在空气中，铸件冷却速度太快，易引起铸造内应力的产生，出现变形、裂纹等缺陷。对于灰铸铁件而言，还可能引起白口组织的出现。落砂时间太晚，会使生产效率降低。

2.4.2 清理

铸件的清理包括切除冒口和浇注系统、清除砂芯和粘砂以及铸件的修整等内容。

2.4.3 常见铸件缺陷分析

铸造经历制模、配砂、造型、造芯、合型、熔炼、浇注、落砂和清理等多项工序，任何一个环节出现问题都可能导致铸件出现缺陷，常见铸造缺陷有以下几种。

① 浇不足　由于液态材料流动性较差，或铸型流道过于狭窄，未充满型腔时就已凝固，所获得的铸件形状不全，如图 2-13(a) 所示。

② 夹砂　合箱时铸型塌陷、浇注时冲垮铸型等，造成型砂散落在型腔里，然后就夹杂在铸件之中，使得铸件里夹砂，将这些夹砂清理后，铸件形状残缺不全，如图 2-13(b) 所示。

③ 粘砂　型砂耐温性不足，或浇注液态材料温度过高，引起型腔内壁表面型砂熔化，冷凝后就粘在铸件表面，极难清理，影响铸件表面质量，如图 2-13(c) 所示。

④ 气孔　型砂透气性不足或型砂含水量过高，浇注时气体不能及时排除，在铸件内部形成的孔洞称为气孔，如图 2-13(d) 所示。

⑤ 缩松和缩孔　在铸件比较厚实的部位，由于外表面先凝固，内部收缩得不到补充，造成疏松结构，形成分散或集中的孔洞，前者谓之缩松，后者谓之缩孔，如图 2-13(e) 所示。

⑥ 开裂　铸件壁厚差异过大，在冷却过程收缩不匀，导致内应力过大而开裂，如图 2-13(f) 所示。

⑦ 错箱　合箱时上、下箱错位，铸件沿分型面也就发生错位，如图 2-13(g) 所示。

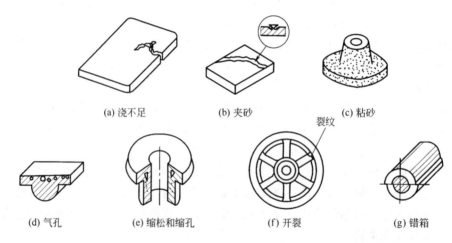

(a) 浇不足　　　(b) 夹砂　　　(c) 粘砂

(d) 气孔　　　(e) 缩松和缩孔　　　(f) 开裂　　　(g) 错箱

图 2-13　常见铸件缺陷

此外砂型铸造还有许多其它形式的缺陷，由于造成铸造缺陷的原因很多，只有开箱时才能发现铸件缺陷，此时木已成舟，缺陷严重者只能报废，重新回炉熔化，所以铸件的质量不易控制，废品率比较高。

总体上砂型铸造生产劳动强度大，环境污染重，成品率低，而且铸件晶粒粗大，结构疏松，机械强度不高，但因成本低廉，目前还得以广泛应用，但随着科技进步，砂型铸造自动化程度正在逐步提高，并且不断涌现出更加先进的新型铸造工艺。

2.5　特种铸造

由于最早出现而且使用最普遍的是砂型铸造，所以其它类型的铸造方法都被称作特种铸造，下面列举一些比较常用的特种铸造工艺。

2.5.1 熔模铸造

砂型铸造首先要解决取模问题，形状越复杂，取模越困难。如果用易熔化材料制成模型，造型时不取模，而是使模型熔化流出，就可以制造出很复杂形状的型腔。常见的熔模材料是石蜡，加热后石蜡模熔化流出，也称为失蜡铸造。据说古代青铜器上的铭文，就是失蜡铸造成型，著名的东汉青铜器"马踏飞燕"也是采用这种铸造工艺，同学们可以随便找件工艺品在砂箱里造型试试，体验取模的难易程度。

2.5.2 离心铸造

如果铸型高速旋转，铸型内壁通过摩擦带动液态材料也高速旋转，离心力使液态材料克服重力而附在铸型壁上，冷却凝固后就形成中空的铸件，可以省去砂芯，这就是离心铸造。城市自来水干线铸铁管和汽车发动机缸套与轴套等都是采取这种铸造方法生产的。

2.5.3 金属型铸造

砂型铸造型腔内壁由砂粒构成，比较粗糙，导致铸件表面质量不高，而且砂型只能使用一次，不能重复使用。如果用金属加工成铸型，不仅内壁光滑，形状准确，而且还能多次使用，这就是金属型。由于金属型不透气，所以要考虑气体如何排除问题；金属型要重复使用，所以一般模型都是做成可开合方式，合模时浇注，凝固后开模取出铸件。

2.5.4 压力铸造

砂型铸造是利用重力使液态材料充满铸型的，铸件易产生结构疏松和浇不足等缺陷，无法生产精细形状铸件。如果浇注时施加压迫使液态材料挤入铸型，获得的铸件就会结构致密而形状准确，可避免浇不足等缺陷。值得注意的是，普通砂型无法承受这样的压力，所以只有使用金属铸型。汽车发动机上的铝合金活塞和 CPU 上的散热器都是利用压力铸造生产，所以才能有比较准确的形状和致密的结构。

离心铸造、金属型铸造和压力铸造都需要专用的设备，一次性投资比较高，所以只适宜于批量铸件的生产。相比之下，如果是单件小批量生产，手工砂型铸造就要灵活得多，这也是其经久不衰的一个原因。

2.6 铸造成型安全技术条例

ⅰ. 进入训练场地要听从指导教师安排，安全着装，认真听讲，仔细观摩，严禁嬉戏打闹。

ⅱ. 工作场地要平整、干净，工具箱、砂箱、材料、砂型应按指导教师指定地点有规则的放置，不得乱堆，以免堵塞通道和工作场地。

ⅲ. 造型时不要用嘴吹分型面，以免砂粒飞入眼内；使用吹风器（皮老虎）时要选择朝无人的方向吹，以免砂尘吹入旁人的眼睛。

ⅳ. 搬动砂箱要注意轻放，不要压伤手脚。

ⅴ. 浇包须经烘烤，扒渣、挡渣工具需预热干燥。

ⅵ. 浇包要放平、放稳，盛金属液不得过满，高度低于距边缘 60mm 以下，浇注后剩余的金属液不准乱倒。

ⅶ. 浇注时应戴好防护眼镜、防护帽和鞋盖，严禁浇注中在冒口观察，浇包的对面不得站人，以防金属液喷出伤人，如发生金属液溢出伤人时，要用铁锹取砂泥堵塞。

ⅷ. 扒渣和挡渣不能用空心棒，不准将扒渣棍倒着放和随地乱放。

ⅸ. 所有熔炉、出炉、抬包、浇注等工作，非经指导教师许可，学生不得操作。

ⅹ. 已浇注砂型，未经充分冷却不得触动，以免损坏或烫伤。

ⅺ. 不要直接用手摸或用脚踏未冷却的铸件。

ⅻ. 不要对着人打浇口或凿毛刺。

ⅹⅲ. 每天实习结束前，清扫场地，按要求堆好型砂，收捡造型工具。

3 锻压成型

3.1 锻压成型概述

锻压是利用金属在外力作用下产生的塑性变形，以获得具有一定形状、尺寸和力学性能的原材料、毛坯或零件的加工方法。锻压是锻造和冲压的总称。

锻造是将金属坯料放在锻造设备的砧铁或模具之间，施加压力以获得毛坯或零件的方法。锻造不仅能改变坯料的形状和尺寸，而且会改善金属材料的力学性能。为了使塑性变形容易，锻造一般在加热状态下进行，生产成本较高。锻造加工获得的制品即为锻件，其主要作为结构较为简单的重要零件（如轴、齿轮、连杆等）的毛坯。

冲压是利用装在冲床上的冲模，使金属板料产生塑性变形或分离，从而获得零件或毛坯的方法。冲压加工的板料厚度通常在 2mm 以下，一般不需要加热即可加工，故又称为薄板冲压或冷冲压。冲压具有生产成本较低、生产率较高、节约金属材料、制品精度较高等特点，在生产中获得了广泛的应用，如弹壳、军用水壶、高压气瓶、车辆零件、飞机零件、电器零件及家电设备零件的生产。

金属的锻压性能是衡量原材料锻压成型难易程度的一项工艺性能，通常用塑性和变形抗力两个指标来衡量。塑性越高，变形抗力越小，则认为锻压性能越好；反之，则差。

3.2 锻造生产过程

锻造的生产过程主要有下料、锻前加热、锻造成型、锻后冷却等。

3.2.1 下料

锻件使用的原材料多数为型材，少数大型锻件采用铸锭作为原材料。在使用型材进行锻造前，必须截取所需长度作为坯料，称为下料。下料的工艺和设备有多种，最常用的下料工艺是剪切、锯割、切割、火焰切割等。

棒料剪断机效率较高，坯料断口质量较差，适用于成批或大量下料，可冷剪切中碳钢及低合金钢棒料。对于大直径的高碳钢和高合金钢棒料，剪切前需要预热。圆锯床、带锯床效率较低，坯料断口质量较高，适合于中小批量的下料。砂轮切割机用于其它方法下料困难的金属，如高温合金等。氧气切割设备切口损耗大，坯料断口质量较差，并有氧化脱碳现象，不宜切割高碳钢等坯料。

3.2.2 锻前加热

碳钢和合金钢等金属材料在常温下锻造会出现冷作硬化现象，即随着变形程度的增加，金属的强度、硬度升高，而塑性、韧性下降的现象。当坯料加热到一定温度后，锻造过程中就不会出现冷作硬化现象。另外，随着温度的提高，金属材料的强度会降低，塑性会提高，使得坯料的锻造性能大为提高。因此，坯料锻造加工前，一般需要加热。

（1）锻造温度范围

锻件加热温度不能过高，否则会出现过热和过烧。所谓过热就是锻件中的晶粒过分长大，所谓过烧就是锻件中的晶粒边界被氧化。过热会降低锻件的力学性能，过烧破坏了晶粒间的联系，锻件一经锻打即会破碎而成为废品。因此，金属材料锻造加热时有最高温度限制，该温度称为始锻温度。

在锻造过程中，锻件会逐渐冷却，塑性越来越差，变形抗力越来越大，锻造无法继续进行下去。因此，金属材料锻造时有最低温度限制，该温度称为终锻温度。表 3-1 给出了常用材料的锻造温度范围。

表 3-1　常用材料锻造温度范围

材　　料	始锻温度/℃	终锻温度/℃
低碳钢	1200～1250	800
中碳钢	1150～1200	800
合金结构钢	1100～1180	850
铜合金	800～900	650～700
铝合金	450～500	350～380

（2）加热设备

加热设备种类繁多，各有特点。按热源划分有燃料加热炉、电阻加热炉、感应加热炉等。按装料方式划分有连续加热炉和间歇加热炉。工业上又把炉膛形状为正方体或长方体的加热炉称为室式炉或箱式炉。

① 室式火焰炉　室式火焰炉以重油或天然气、煤气为燃料，其结构如图 3-1 所示。压缩空气和燃料从喷嘴进入炉膛并燃烧，产生的热量对坯料进行加热，产生的烟气从下方的烟道排出。室式火焰炉结构简单，热效率较高，适用于中小型自由锻件的加热。

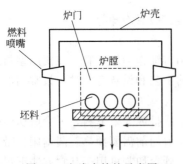

图 3-1　室式火焰炉示意图

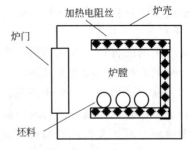

图 3-2　箱式电阻炉示意图

② 箱式电阻炉　箱式电阻炉以电阻丝发出的热量对锻件进行加热，其结构如图 3-2 所示。箱式电阻炉结构简单，控温精确，升温较慢，对环境无污染。表 3-2 为北京太光节能技术有限公司生产的 SX_3 系列箱式电阻炉主要技术参数。

表 3-2　SX₃系列箱式电阻炉主要技术参数

型号	SX₃-6-13	SX₃-10-13	SX₃-12-13	SX₃-8-16
额定功率/kW	6	10	12	8
额定电压/V	220	380	380	220
相数	单相	三相	三相	单相
最高使用温度/℃	1300	1300	1300	1600
长期使用温度/℃	1250	1250	1250	1550
最低使用温度/℃	600	600	800	800
空炉升温时间/min	不大于40	不大于50	不大于60	不大于50
空炉损耗功率/kW	不大于1.8	不大于2.2	不大于2.8	不大于3.0
炉膛尺寸:长×宽×高/mm×mm×mm	250×150×100	400×200×160	300×200×260	300×1500×120
外形尺寸:长×宽×高/mm×mm×mm	600×590×550	750×620×640	640×680×830	820×670×780
质量/kg	70	90	110	190

3.2.3　锻造成型

根据锻造过程中使用设备和工具的不同,通常将锻造分为自由锻、模锻和胎膜锻等不同种类。

自由锻是指利用冲击力或静压力使坯料在上、下砧铁间变形的加工方法。冲击力来自于人工挥锤或空气锤的锤头打击力,静压力来自于水压机或油压机的活塞杆推力。与模锻相比,自由锻的生产效率低、锻件精度差,不适合于大批量生产。对于大型锻件来说,自由锻几乎是唯一的锻造方法。

模锻是金属坯料在具有一定形状锻模模腔内受冲击力或压力而变形的加工方法。与自由锻相比,模锻的生产效率高、锻件精度好,适合于大批量生产。但锻模制造成本较高,锻件尺寸受到限制,只能适合于中、小型锻件的大批量生产。

胎模锻是在自由锻设备上使用简单的可移动的胎模生产锻件的工艺方法。它兼有自由锻和模锻的一些优点,主要适合于小型锻件的中、小批量生产。

3.2.4　锻后冷却

锻件的冷却是锻造生产中重要环节之一。根据冷却速度从快到慢的顺序分为空冷、灰砂冷、炉冷等。

① 空冷　锻件放置在无风、干燥的地面上冷却。

② 灰砂冷　锻件放置在干燥的炉渣、灰或砂中以较慢的速度冷却,灰砂厚度不能少于80mm。

③ 炉冷　锻件放置在炉中随炉缓慢冷却,一般出炉温度不高于100~150℃。

锻件冷却的关键在于冷却速度。一般来说,钢的成分越单纯,允许的冷却速度越快。对于中、小型低碳钢或低合金钢锻件,锻后可以采取空冷。成分复杂的合金钢或大型碳钢锻件,应采取灰砂冷或炉冷。

3.3　自由锻造

3.3.1　自由锻设备

空气锤是自由锻常用设备,其工作原理如图3-3所示。电动机经过一级皮带轮减速,通过曲柄连杆机构,使压缩活塞在压缩缸内往复运动,产生压缩空气。通过操纵手柄或踏杆来改变上旋阀和下旋阀的位置，控制压缩空气的流路，使锤头实现以下动作。

① 空转　当操作手柄由垂直位置顺时针旋转，使指示针在指示牌上的空转位置时，压缩缸顶部和底部都与大气相通，不产生压缩空气，没有压缩空气进入工作缸，锤头靠自重落在下砧铁上，电动机只作空转，锤头停止不动。空转是空气锤的启动状态或工作间歇状态。

② 提锤　当操作手柄在垂直位置时，工作缸顶部和压缩缸顶部都与大气相通，压缩缸底部的气体通过止回阀进入工作缸底部，锤头提升到最高位置。提锤时可进行辅助性操作，如安放锻件、更换工具、清除氧化皮等。

③ 压锤　当操作手柄由垂直位置顺时针旋转，使指示针在按压位置时，工作缸底部和压缩缸顶部都与大气相通，压缩缸底部的气体通过止回阀进入工作缸顶部，使锤头压紧锻件。压锤时可进行弯曲、扭转等操作。

④ 连续打击　当操作手柄由垂直位置逆时针旋转，使指示针在连续打击位置时，压缩缸顶部与工作缸顶部相通，压缩缸底部与工作缸底部相通，使锤头连续打击，打击能量的大小由旋转手柄的角度来控制。

⑤ 单次打击　单次打击是连续打击的一种变换，将操作手柄由空转位置迅速旋转到连续打击位置后，立即旋回到提锤位置，即可实现单次打击。单次打击需要操作者较为熟练的操作技能。

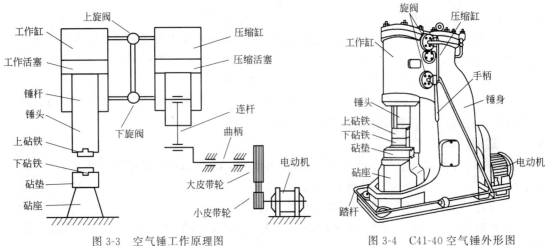

图 3-3　空气锤工作原理图　　　　　图 3-4　C41-40 空气锤外形图

图 3-4 为 C41-40 空气锤的外形图，该空气锤的基本参数如表 3-3 所示。其中落下部分质量包括工作活塞、锤杆、锤头和上砧铁等零件的质量之和，它是空气锤的主要规格参数。

表 3-3　C41-40 空气锤基本参数

序　号	项　目	单　位	数　值
1	落下部分质量	kg	40
2	锤头每分钟打击次数	次/min	245
3	锤头中心线至机身间距离	mm	235
4	工作区间高度	mm	245
5	下砧块砧面至地面高度	mm	547
6	最适宜的锻压尺寸	mm	方料:52×52;圆料:ϕ68
7	电动机功率	kW	4
8	外形尺寸:长×宽×高	mm×mm×mm	934×512×1312
9	整机总质量	kg	1500

3.3.2 自由锻基本工序

自由锻的工序分为基本工序、辅助工序和精整工序。基本工序是实现锻件基本成型的工序，它包括镦粗、拔长、冲孔、弯曲、扭转、切割等。

① 镦粗　镦粗是使锻件坯料的横截面增大、高度减小的工序，如图3-5所示。一般生产盘套类零件都需要进行镦粗。

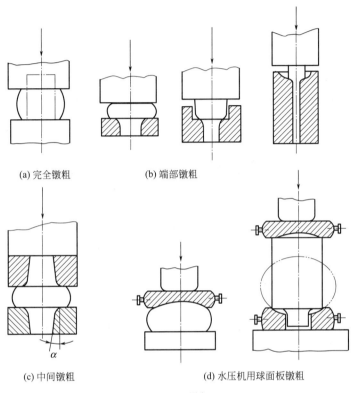

(a) 完全镦粗　　(b) 端部镦粗

(c) 中间镦粗　　(d) 水压机用球面板镦粗

图 3-5　镦粗

② 拔长　拔长是使锻件坯料的横截面减小、长度增大的工序，如图3-6所示。按照打方操作，将坯料分段连续送进，锻件截面越来越小，而长度却在增加，古代打造兵器应该都经过拔长操作。

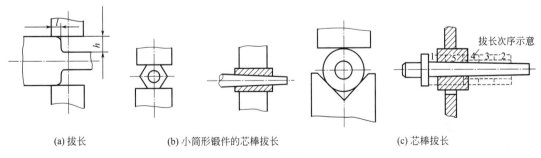

(a) 拔长　　(b) 小筒形锻件的芯棒拔长　　(c) 芯棒拔长

图 3-6　拔长

③ 冲孔　冲孔是在坯料上锻出孔的工序，如图3-7所示。将坯料下面垫入合适的漏盘，并将冲头对准坯料，锤击冲头尾部，就可以在工件上开出孔。锻造六方螺母，中间就要先冲出孔，然后在孔中穿上钎子来翻转坯料进行滚圆和打六方，比用锻钳夹持进行操作要方便和

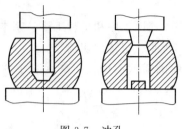

图 3-7　冲孔

灵活得多。

　　④ 弯曲　弯曲是使坯料弯成一定角度或一定弧度的工序，如图 3-8 所示。西部片中经常出现手工锻造马蹄铁的镜头，先经过打方拔长，再弯曲并冲上孔，就可以给马钉掌。

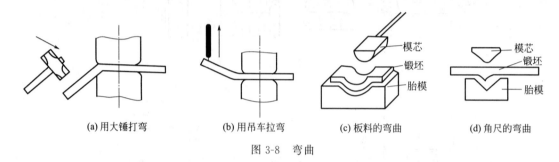

(a) 用大锤打弯　　　　　　(b) 用吊车拉弯　　　　　　(c) 板料的弯曲　　　　　　(d) 角尺的弯曲

图 3-8　弯曲

　　⑤ 扭转　扭转是在保持坯料轴线方向不变的情况下，将坯料的一部分相对于另一部分扳转成一定角度的工序。仔细观察锻造用的平口钳，铰链与钳口两个部位就是扭转成型。

　　⑥ 切割　切割是将坯料分割或切除坯料上多余部分的工序，如图 3-9 所示。锻造小锤坯料时，必须进行切割操作，才能获得截面和长度尺寸都合格的锻件。

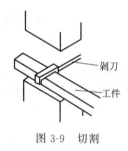

图 3-9　切割

3.4　板料冲压

3.4.1　冲压设备

　　冲压设备种类繁多，按传动方式分类，主要有机械压力机和液压压力机。而机械压力机又可分为曲柄（曲轴）压力机和摩擦压力机等，其中曲柄压力机应用较为广泛。

　　图 3-10 为曲柄压力机传动系统简图，电动机通过皮带减速带动大皮带轮转动，操纵离合器，使大皮带轮带动曲轴转动，滑块在连杆的带动下沿导轨作往复直线运动，进行冲压加工。滑块行程的大小可通过调节连杆的长度进行调整。

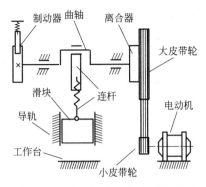

图 3-10　曲柄压力机传动系统简图

不同类型的冲压设备所适用的工艺范围有所不同，表3-4为常见冲压设备所适用的工艺范围。在选择冲压设备时，首先要根据加工零件的工艺要求，再根据吨位、行程和精度等主要技术参数进行选择。

表 3-4　常见冲压设备适用的工艺范围

设备类型		冲孔落料	拉深	弯曲
机械压力机/曲柄式	小行程曲轴冲床	适用	不适用	适用
机械压力机/曲柄式	中行程曲轴冲床	适用	适用	适用
机械压力机/曲柄式	大行程曲轴冲床	适用	适用	适用
机械压力机/曲柄式	曲轴高速自动冲床	适用	不适用	不适用
机械压力机/摩擦式	摩擦压力机	尚可	尚可	适用
液压压力机	液压机	不适用	尚可	尚可

3.4.2　冲压模具

冲压工艺是通过冲压模具来实现的。根据冲压工艺，冲压模具可分为冲裁模、弯曲模、拉深模、翻边模等各种类型。

一般来说，冲压模具都是由固定部分和活动部分组成的。固定部分用压板、螺栓等紧固在压力机的工作台上，称为下模；活动部分一般紧固在压力机的滑块上，称为上模。上模随着滑块上、下往复运动，从而进行冲压工作。

图3-11所示为有导向简单冲模，模具的上模由凸模3、模柄4组成，通过模柄安装在压力机的滑块上。下模由凹模1、卸料板8、导料板9、下模板10、定位销钉11组成。由于滑块一次行程中只能完成一个冲压工序，且装置有导向柱，故称为有导向简单冲模。

3.4.3　冲压基本工序

① 剪切　剪切是使板料沿不封闭轮廓进行分离的工序。剪切一般利用剪板机进行。剪板机是一种专门为剪切钢板设计的设备，利用机械或液压传动带动刀口来剪切钢板，衡量剪板机加工能力的参数是其所能剪切钢板的最大厚度，目前大型液压剪板机的最大剪切厚度可达30mm。

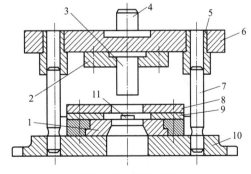

图 3-11　简单冲模

1—凹模；2—压板；3—凸模；4—模柄；

5—导柱套；6—上模板；7—导向柱；

8—卸料板；9—导料板；

10—下模板；11—定位销钉

② 冲裁　冲裁是使板料沿封闭轮廓进行分离的工序。根据冲裁目的的不同，分为冲孔和落料两种基本工序。冲孔的目的是在板料上形成孔洞，冲孔后的板料本身是成品，被分离的部分是废料。落料时，被分离的部分是成品，冲孔后的板料本身是废料。

③ 弯曲　弯曲是使坯料的一部分相对于另一部分弯曲成一定角度的工序。弯曲可以在普通压力机上利用弯曲模具进行，如采矿支护用的 U 形钢。也可以在专用的折弯机上将板材弯成一定角度，如生产全液压汽车起重机的箱形臂杆，计算机机箱壳体等。

④ 拉深　拉深是利用模具使平板毛坯变成开口空心零件的工序。如图 3-12 所示，利用冲头、凹模和压边圈等模具将直径为 D_0 的平板变为直径为 d、高度为 H 的杯形冲压件。

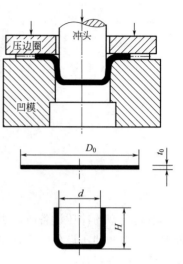

图 3-12　拉深过程示意图

⑤ 翻边　翻边是在工件的内孔或外缘获得凸缘的工序。翻边主要用于制出与其它零件的装配部位，或是为了避免边缘过于锋利伤人，或是为了提高制品的刚度。

3.5　锻压成型安全技术条例

ⅰ. 进入训练场地要听从指导教师安排，安全着装，认真听讲，仔细观摩，严禁嬉戏打闹。

ⅱ. 工作前必须进行设备及工具检查，当工具开裂及铆钉松动时，不准使用。

ⅲ. 操作时要思想集中，掌钳者必须夹牢和放稳工件，锤击者应按掌钳指挥要求操锤，注意控制锤击方向。

ⅳ. 握钳时将钳把置于体侧，不要正对腹部，也不要将手放入钳股之间。

ⅴ. 锻打时，锻件应放在下砧铁的中央，锻件及垫铁等工具必须放正、放平，以防飞出伤人。

ⅵ. 踩踏杆时，脚跟不许悬空，以保证操作的稳定和准确。不锤击时，应随即将脚离开踏杆，以防误踏发生事故。

ⅶ. 不要用手触摸或脚踏未完全冷却的锻件。需要拿摸锻件，则必须以水检验锻件温度后，方可拿取。

ⅷ. 不得随意拨动锻压设备的开关和操纵手柄等。严禁用锤头空击下砧铁，也不许锻打过烧或已冷的锻件。

ⅸ. 不要站立在容易飞出火星和锻件毛边的地方。

ⅹ. 严禁将手伸入锤头行程中，砧座上已冷却的氧化皮必须用长柄扫帚清除。

ⅺ. 挥锤时，严禁任何人站在挥锤者后面 2.5m 范围以内。

ⅻ. 未经指导教师同意与指导，严禁操作空气锤及其它设备。

ⅹⅲ. 注意控制火源、严防火灾。每天实习结束前，必须切断设备电源，整理工具及物件，搞好环境卫生。

4 焊接成型

4.1 焊接成型概述

焊接是用加热或加压，或者两者并用等手段，借助于金属原子的结合与扩散作用，使分离的金属材料牢固地、永久性地连接起来的一种工艺方法。

按照焊接过程的特点，焊接方法在总体上分为熔化焊、压力焊和钎焊三类，每一类又依据工艺特点分为若干种不同的方法，常见的焊接方法种类见图 4-1。

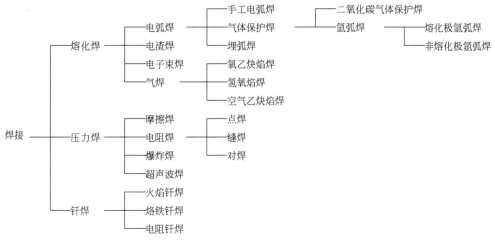

图 4-1　焊接方法的分类

金属的焊接性能是指金属在一定的焊接工艺条件下获得优质焊接接头的性能。不同种类的材料具有不同的焊接性能。同一种材料在不同焊接工艺条件下的焊接性能也不一样。对于铁碳合金来说，合金的碳当量越高，其焊接性能越差；合金的碳当量越低，其焊接性能越好。

4.2 手工电弧焊

利用电弧作为焊接热源的熔焊称为电弧焊。手工操纵焊条进行焊接的电弧焊称为手工电弧焊。手工电弧焊设备简单，操作方便，是应用最为广泛的一种焊接方法。

如图 4-2 所示，焊接前用电缆将焊钳与焊件分别连接在弧焊机的两极，焊接时先在焊条与焊件之间引燃电弧，电弧可以放出高达 6000K 的温度，使焊件和焊条很快熔化，形成如图 4-3 所示的熔池，熔池冷却后就形成焊缝。

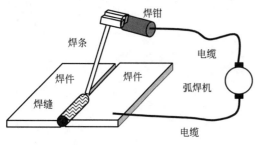

图 4-2　手工电弧焊

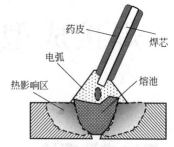

图 4-3　焊条与熔池

4.2.1　焊接设备

手工电弧焊使用的设备主要是弧焊机。弧焊机按输出电流的性质分为交流弧焊机和直流弧焊机两类。

① 直流弧焊机　由于工业供电都是交流电，所以直流弧焊机要将交流电转换成直流电以后供焊接使用。转换方式有两种，一种是由交流电动机直接带动直流发电机作为直流焊接电源，其电弧稳定性好、焊缝质量高，但结构复杂，制造成本高，维护困难，使用噪声大，目前已基本停止使用；另一种是其将输入的三相交流电经降压和整流后作为直流焊接电源输出，其具有结构简单、噪声小等优点，已成为直流弧焊机的主流。

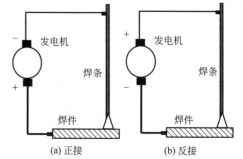

图 4-4　直流弧焊机的不同接线方式

表 4-1　BX3-300-2 型交流弧焊机主要技术参数

参　　数		单　位	数　　值		
初级电压		V	220 或 380		
电流调节范围	接法 Ⅰ	A	40～125		
	接法 Ⅱ	A	120～400		
空载电压	接法 Ⅰ	V	78		
	接法 Ⅱ	V	70		
额定工作电压		V	32		
额定负载持续率		%	60		
效率		%	82.5		
频率		Hz	50		
输入容量和电流	负载持续率	%	100	60	35
	输入容量	kVA	18.5	23.4	30.9
	初级电压 220V	A	84	106	139
	初级电压 380V	A	48.8	61.9	81.2
初级电流		A	232	300	400
外形尺寸：长×宽×高		mm×mm×mm	730×540×900		
质量		kg	183		

直流弧焊机可采用图 4-4 所示的两种接线方法。其中正接是焊件接弧焊机正极，焊条接负极。由于电弧负极放出大量电子，消耗能量较多，温度要比正极低，所以采用正接焊接能获得较大的熔深，适于较厚板材的焊接；反接是焊件接弧焊机负极，焊条接正极，焊接薄板时，为防止温度过高而烧穿常采用反接。

② 交流弧焊机　交流弧焊机实际是一种具有特殊性能的降压变压器，也称弧焊变压器。其结构简单、价格便宜、使用方便、易维护，但电弧稳定性较差。可通过调整其变压器衔铁间的气隙，来调整输出电流的大小，以满足不同焊接过程操作的需要。表 4-1 为南京电焊机厂生产的 BX3-300-2 型交流弧焊机的主要技术参数。

4.2.2　焊条

焊条由焊芯和药皮两部分组成，参见图 4-3。

焊芯的作用是充当电极、传导电流和填充焊缝。

药皮的作用一是对焊缝起保护作用，防止空气的侵入和氧化；二是改善焊接工艺性能，如提高电弧燃烧的稳定性等；三是起冶金作用，如在焊缝中渗入合金元素等。

4.2.3　焊接接头型式、坡口形状及焊接位置

① 接头型式　焊接是实现分离焊件之间的连接，根据焊件相对空间位置的不同，形成了多种焊接接头型式，图 4-5 所示为常见的接头型式。根据工艺要求，可采用单面焊接或两面焊接，对于较厚的焊件，要采用多层焊或多层多道焊来填满坡口。

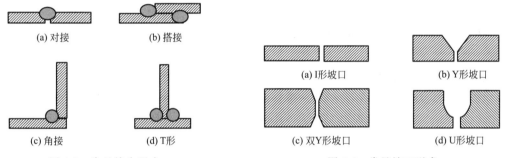

图 4-5　常见接头型式　　　　　　　　图 4-6　常见坡口型式

② 焊接坡口　一般对于厚度小于 6mm 焊件对接时，可以留一定缝隙直接焊接，而焊接更厚焊件时，为了保证焊透，需要开出坡口，常见的坡口型式如图 4-6 所示。

③ 焊接位置　由于焊缝所处的空间位置不同，所以就形成了各种焊接位置，常见的焊接位置如图 4-7 所示，有平焊、立焊、横焊和仰焊等。由于熔池内的熔化金属会受到重力作用，所以平焊最容易操作。

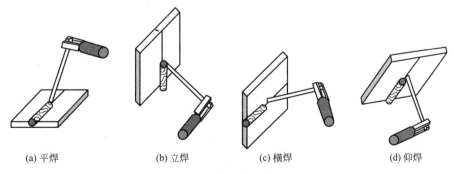

(a) 平焊　　　　(b) 立焊　　　　(c) 横焊　　　　(d) 仰焊

图 4-7　常见焊接位置

4.2.4 焊接工艺参数

焊接工艺参数是指焊接操作过程中所选择的各物理量，主要有焊条直径、焊接电流、电弧电压和焊接速度，这些参数将直接影响焊接质量。

① 焊条直径 根据焊件厚度选择焊条直径。焊件较厚应选较粗的焊条，以保证能够焊透和有较高的焊接效率；而焊件较薄时，应选较细的焊条，以防烧穿。焊件厚度与焊条直径的关系可参考表 4-2。

表 4-2 焊条直径的选择

焊件厚度/mm	<2	2~3	4~7	8~12	>12
焊条直径/mm	1.6~2.0	2.5~3.2	3.2~4.0	4.0~5.0	4.0~5.8

② 焊接电流 根据焊条直径选择焊接电流。焊条直径大则焊接电流大，表 4-3 给出了焊接电流与焊条直径的关系。在参考表 4-3 的基础上，通过试焊来调整和确定能满足焊接要求的焊接电流。

表 4-3 焊接电流的选择

焊条直径/mm	1.6	2.0	2.5	3.2	4.0	5.0
焊接电流/A	20~40	40~70	50~90	90~160	160~220	180~320

③ 电弧电压 电弧电压由电弧长度决定。电弧长则电弧电压高，电弧短则电弧电压低。电弧过长，则燃烧不稳定，熔深减小，易形成焊接缺陷，所以希望以短弧焊接，一般要求电弧长度不超过焊条直径。

④ 焊接速度 焊接速度是指单位时间内形成焊缝的长度，也称运条速度。运条速度要根据所需要焊缝宽度掌握。运条过快，形成的焊缝相对较窄，不能满足焊接强度要求。

4.2.5 焊接基本操作方法

在开始焊接前，要穿好防护服，带好面罩，以保护身体不受熔渣和飞溅物的烧伤，眼睛不被电弧紫外线灼伤。用焊钳夹持焊条尾部，并使焊条头部接近焊件开始引弧。引弧又称打火，通常采取擦刮或敲击方法，使焊条头部与焊件之间形成电弧。一旦形成电弧就要维持电弧的稳定，同时透过面罩观察，将电弧移到焊接位置进行焊接。焊接过程中要分辨清楚熔池和上面覆盖的药皮熔渣，保持熔池的大小，逐步推进形成焊缝。

焊接工艺参数和手法的不同会形成各种不同的焊缝，如图 4-8 所示。其中图 4-8(a) 为采用比较合适的焊接电流和运条速度，形成的焊缝形状规则，焊缝与焊件母材过渡平滑，焊波均匀并呈椭圆形；图 4-8(b) 为焊接电流过小，电弧吹力小，熔池较窄，焊波变圆，焊缝与焊件母材过渡突然，熔宽与熔深太小，导致焊缝结合强度不足；图 4-8(c) 为焊接电流过大，焊条熔化过快甚至发红，飞溅增多，焊波变尖，熔宽和熔深增加，焊缝下塌，焊缝与焊件母材间过渡处出现咬边，甚至发生烧穿；图 4-8(d) 为焊接速度太慢，焊波变圆，熔宽与熔深增加，当焊接薄件时，易烧穿；图 4-8(e) 为焊接速度过快，焊波变尖，熔宽与熔深减小，焊缝结合强度也达不到要求。

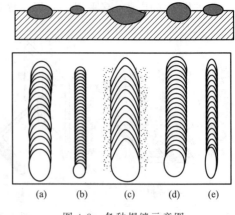

图 4-8 各种焊缝示意图

4.2.6　焊接变形和焊接缺陷

由于受到焊件周围母材的限制，焊缝及其附近金属被加热时无法自由膨胀，待冷却时又会发生收缩，导致焊件变形，直接影响到焊接结构的尺寸和形状精度。可以通过一定工艺措施来防止或减小焊接变形，对已发生焊接变形的焊件，根据需要可进行矫正。

焊接缺陷是指焊接接头中存在的金属不连续、不致密或连接不良的现象。常见的焊接缺陷有咬边、未焊透、夹渣、气孔、裂纹和变形等。焊缝与焊件母材结合部存在凹陷称为咬边；焊件接头根部未完全熔透称为未焊透；药皮熔渣残留在焊缝中称为夹渣；在熔池凝固时气体未逸出，留在在焊缝中形成气孔；由于焊缝冷却收缩应力过大而造成焊缝本身或周围母材开裂，形成裂纹；焊接后的工件在尺寸、形状方面发生变化形成变形。

4.3　气焊与气割

4.3.1　气焊

用可燃气体和助燃气体混合燃烧生成的火焰作为热源的熔焊称为气焊。最常见的气焊为氧乙炔焰焊，其使用的可燃气体为乙炔，助燃气体为氧气。

如图4-9所示，氧乙炔焰气焊设备主要由氧气瓶、乙炔瓶、减压器、回火保险器、焊炬及胶管等组成。氧气瓶和乙炔瓶中贮存的氧气和乙炔气体，通过减压阀降压后经软胶管输送给焊炬，焊炬上的氧气和乙炔阀门可以调整混合气的流量和比例，混合气通过焊嘴喷出并燃烧即可进行焊接加热。为防止火焰沿软胶管返回气瓶，还装有回火保险器。

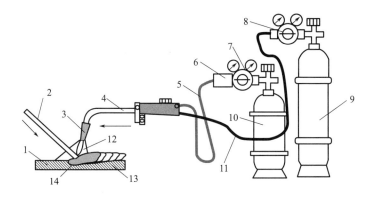

图 4-9　气焊及其设备
1—焊件；2—焊丝；3—焊嘴；4—焊炬；5—红色乙炔胶管；6—回火保险器；
7—乙炔减压器；8—氧气减压器；9—氧气瓶；10—乙炔瓶；
11—黑色氧气胶管；12—火焰；13—焊缝；14—熔池

在气焊过程中，作为填充金属的焊丝与焊件母材一起熔化形成焊缝。在气焊铸铁、不锈钢、耐热钢和有色金属时，还需要使用气焊熔剂，其作用是保护熔池，去除熔池内的氧化物，改善液态金属的湿润性。

根据燃烧过程中氧气和乙炔混合比例的不同，氧乙炔焰分为三种不同性质和形状的火焰：中性焰、碳化焰和氧化焰，如图4-10所示。它们分别适用于不同焊件材料的焊接，见表 4-4。

表 4-4　氧乙炔焰的种类及其应用

氧乙炔焰	氧气和乙炔混合比	适用焊件材料
中性焰	1.0～1.2	低碳钢、中碳钢、低合金钢、不锈钢、紫铜、铝及其合金、镁合金
碳化焰	<1.0	高碳钢、高速钢、铸铁、硬质合金、碳化钨
氧化焰	>1.2	黄铜、镀锌件

焊接时，先微开焊炬上的氧气阀，再打开乙炔阀，随后点燃火焰，此时的火焰为碳化焰。然后调节阀门得到所需要的火焰大小和焰型种类，用火焰将母材加热，逐渐形成熔池，将焊丝熔化滴入填充，随着熔池的前移便形成焊缝，从而实现焊接。

焊后灭火时，应先关闭乙炔阀，后关闭氧气阀。在焊接过程中若发生回火现象，应先关闭氧气阀，后关闭乙炔阀。

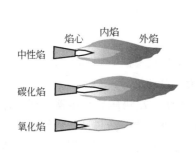

图 4-10　氧乙炔焰

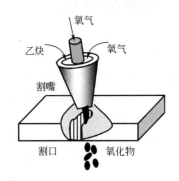

图 4-11　气割示意图

4.3.2　气割

气割是利用某些金属在纯氧中燃烧的原理来实现金属切割的方法，也称氧气切割。如图 4-11 所示，先通过氧乙炔焰使金属预热到燃点，再利用氧气射流使高温金属燃烧，燃烧生成的氧化物被燃烧热熔化，并被氧气流吹走，从而形成割口。

与焊炬相比，气割使用的割炬多了一条氧气切割管，相应地割嘴上也设计有供氧气吹出的喷嘴。

并非所有金属都适合用气割加工，气割金属必须具有以下三点条件：

ⅰ. 金属的燃点低于熔点，否则金属会先熔化，形成的割口极不规则；

ⅱ. 金属氧化物的熔点应低于金属本身的熔点，并且流动性要好，否则生成的氧化物会阻碍气割的顺利进行；

ⅲ. 金属的导热性要低，否则被切割部位热量不易集中，而难以形成割口。满足这些条件的金属有低碳钢、中碳钢、低合金钢和纯铁等。

4.4　其它焊接方法

4.4.1　气体保护焊

利用外加气体保护电弧和熔池的电弧焊称为气体保护焊。气体保护焊主要有氩弧焊和二氧化碳气体保护焊，它们使用的保护气体分别为氩气和二氧化碳气体。

（1）氩弧焊

根据采用的电极不同，氩弧焊分为熔化极氩弧焊的非熔化极氩弧焊。钨极氩弧焊属于非熔化极氩弧焊，如图4-12所示，钨极与焊件之间形成的电弧将焊丝和焊件母材熔化，形成熔池。焊接时氩气从喷嘴中连续喷出，在电弧周围形成气体保护层隔绝空气，以防止空气对钨极、电弧、熔池及热影响区的影响，从而获得优质焊缝。钨极一般采用钍钨或铈钨等材料制作，在焊接过程中不熔化，但有少量损耗。

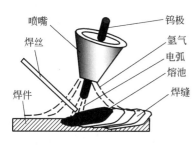
图4-12　钨极氩弧焊

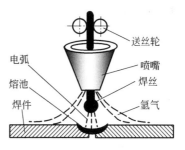
图4-13　熔化极氩弧焊

如图4-13所示，熔化极氩弧焊采用可熔化的焊丝作为电极。在焊接过程中，焊丝通过送丝轮连续地送进，与焊件母材一起熔化后形成熔池。电弧周围同样有氩气从喷嘴中连续喷出，以保护电弧、熔池及热影响区不受空气的影响。

氩弧焊几乎可以焊接所有金属材料，但由于价格较贵，一般用于焊接有色金属和不锈钢等。

（2）二氧化碳气体保护焊

二氧化碳气体保护焊的焊接过程与熔化极氩弧焊类似，也是以连续送进的焊丝为电极，二氧化碳气体从喷嘴中连续喷出，在电弧周围形成二氧化碳气体保护层。

二氧化碳气体保护焊使用的气体比较便宜，常用于低碳钢、低合金钢的焊接及铸铁的焊补等。

4.4.2　埋弧焊

埋弧焊也是利用电弧作热源的焊接方法，但电弧在焊剂层下燃烧，熔化后的焊剂层将熔池和电弧都埋藏起来，与空气隔绝，并采用自动送丝方式，焊接电流和电弧更加稳定，也看不见电焊弧光，焊接质量和焊接环境均得以改善。

4.4.3　电阻焊

电阻焊是指焊件组合后通过电极施加压力，利用电流通过接头的接触面及邻近区域产生的电阻热进行焊接的方法。由于在焊接过程中，焊件受压，故属于压焊。电阻焊按工艺特点的不同，分为点焊、缝焊和对焊。

当焊件搭接并使用成对尖形电极时，形成点状焊缝，称为点焊，如图4-14所示。

当焊件搭接并使用成对盘状电极时，形成长条状焊缝，称为缝焊，如图4-15所示。

当焊件对接时，形成对接接头，称为对焊，如图4-16所示。

对焊按照通电和加压顺序的不同，又分为电阻对焊和闪光对焊。由于电阻焊要对焊件施加很大压力，所以这些焊接方法都要靠专用机械或机械手来进行，如汽车车身一般采用机械手点焊,成批生产金属容器常采用缝焊,而建筑工地上实现钢筋对接一般采用对焊。

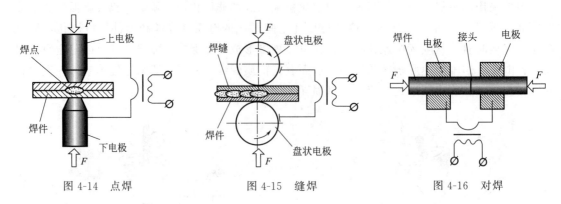

图 4-14　点焊　　　　　　　图 4-15　缝焊　　　　　　　图 4-16　对焊

4.4.4　钎焊

钎焊是利用熔点比焊件低的钎料作填充金属,将焊件和钎料加热到高于钎料熔点但低于焊件母材熔化的温度,利用液态钎料的润湿作用填充接头间隙,并与母材相互扩散实现焊件连接的一种焊接方法。

钎料通常按照其熔化温度范围进行分类,熔化温度低于450℃的称为软钎料,高于450℃的称为硬钎料。常用的软钎料有锡铅钎料和锡锌钎料,硬钎料有铜基钎料和银基钎料。

钎焊时,一般要使用钎剂。钎剂的作用是清除熔融钎料和母材表面的氧化物,保护钎料和母材表面不被继续氧化,改善钎料对母材的湿润性能,使钎焊过程顺利圆满地完成。钎剂的种类要和钎料相适应。

钎焊通常按照热源的不同进行分类,常见的钎焊类型有烙铁钎焊、火焰钎焊、感应钎焊、电阻钎焊等。与熔焊相比,钎焊具有加热温度低、焊件变形小、接头平整美观、生产效率高等优点,但同时也具有接头强度低、接头装配精度要求高等缺点。

4.5　焊接成型安全技术条例

ⅰ. 进入训练场地要听从指导教师安排,安全着装,认真听讲,仔细观摩,严禁嬉戏打闹。

ⅱ. 操作前要戴好眼镜、鞋罩及手套等防护用品。

ⅲ. 不要直接用手触拿焊过的钢板、焊条残头,应用专用夹钳夹取。

ⅳ. 不要把焊钳放在焊接工作台上,以免发生短路烧毁设备。

ⅴ. 正在进行焊接时,禁止调节电焊机的电流,以免烧毁电焊机。

ⅵ. 焊后清渣时,要戴上平光镜(已戴近视镜者除外),敲渣方向向外,以免焊渣烫伤眼睛,同时注意周围人员安全。

ⅶ. 不要让油脂与焊枪口、氧气瓶、减压器等接触,以免发生燃烧。

ⅷ. 乙炔瓶和氧气瓶附近严禁烟火。

ⅸ. 气焊、气割点火时先打开乙炔气阀门,然后放少量氧气;熄灭时先关乙炔气,再关氧气。

ⅹ．如发现火焰突然回缩，并听到嘘声，就是回火的象征，应先立即关闭乙炔气阀门再关氧气阀门。

ⅺ．更换钨棒电极时，应将焊机电源切断，以防被电击。

ⅻ．焊后的工件要摆放到指定的位置，不准乱扔乱放。

ⅹⅲ．每天实习结束前，清扫场地，将焊接工具放置到指定位置，并拉掉电闸。

5 机械切削加工基本知识

5.1 切削加工概述

5.1.1 切削加工的实质和类型

切削加工是用刀具或工具从毛坯上去除多余的金属，从而获得尺寸精度、形状精度、位置精度和表面质量完全符合图纸要求的零件的加工过程。机器的大部分零件一般都要经过切削加工过程才能获得，因此切削加工在机械制造业中占有十分重要的位置。

切削加工通常在常温下进行，加工过程中不需要加热，因此也称为冷加工。

切削加工的工作内容分为钳工和机械加工两部分。钳工是指工作人员操纵手持工具对零件进行切削加工的方法，其主要内容包括划线、锯削、錾削、刮削、锉削、研磨、钻孔、扩孔、铰孔、攻螺纹、套螺纹、机械装配等。机械加工是指工作人员操纵机床对零件进行切削加工的方法，其工作内容主要有车削、钻削、铣削、镗削、刨削和磨削等，如图 5-1 所示，所使用的机床相应为车床、钻床、铣床、镗床、刨床和磨床。

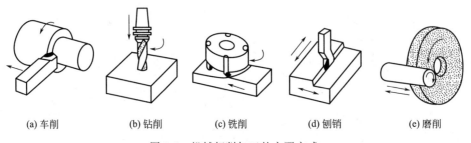

(a) 车削　　　(b) 钻削　　　(c) 铣削　　　(d) 刨销　　　(e) 磨削

图 5-1　机械切削加工的主要方式

5.1.2 切削运动

切削加工是依靠刀具与工件之间的相对运动来实现的。根据在切削过程中所起的作用不同，切削运动分为主运动和进给运动。

① 主运动　直接切除工件上的切削层，以形成工件新表面的运动称为主运动。它的特点是速度最高，消耗功率最大。在切削加工中主运动只有一个，它可以是旋转运动，如车削时工件的旋转，钻削时钻头的旋转，铣削时铣刀的旋转，也可以是直线运动，如刨削时刨刀的直线往复运动，拉削时拉刀的直线运动。主运动的大小通常用 v_c 表示。

② 进给运动　不断把切削层投入切削，以保持切削连续进行的运动称为进给运动。它的速度较小，消耗功率较少。如车削、钻削及铣削时工件的移动，牛头刨床刨削水平面时工件的间歇运动，磨削外圆时工件的旋转和往复轴向移动及砂轮周期性横向移动都是进给运

动。进给运动的大小通常用 f 表示。

进给运动可能是一个或几个；可以是连续的，也可以是间歇的；可以是直线的，也可以是往复的。

5.1.3 加工表面

在切削过程中，工件上的切削层不断被刀具切除变成切屑，在该过程中工件会产生三个不断变化的表面，如图 5-2 所示，它们分别是待加工表面、过渡表面、已加工表面。

① 待加工表面　工件上即将被切去金属层的表面。

② 过渡表面　工件上正在被切削的表面。

③ 已加工表面　工件上已经被切去金属层的表面。

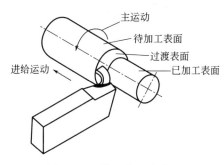
图 5-2　工件上的三个表面

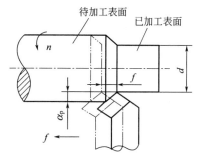
图 5-3　车削外圆时的切削加工三要素

5.1.4 切削用量

切削用量是切削速度、进给量和背吃刀量的总称，又称切削加工三要素，如图 5-3 所示。

① 切削速度　切削速度是指主切削刃上选定点相对于零件待加工面在主运动方向上的瞬时速度，用 v_c 表示，单位为 m/min 或 m/s 表示。

如果主运动为旋转运动（如车削、钻削、铣削和磨削），则切削速度：

$$v_c = \frac{\pi d n}{1000 \times 60} \quad \text{（m/s）} \tag{5-1}$$

式中　d——主切削刃选定点处工件或刀具的直径，mm；

n——工件或刀具的转速，r/min。

如果主运动为直线运动（如刨削），则切削速度：

$$v_c = \frac{2 L n_r}{1000} \quad \text{（m/min）} \tag{5-2}$$

式中　L——往复直线运动的行程长度，mm；

n_r——刀具每分钟往复次数，str/min。

② 进给量　在主运动一个循环内，刀具与工件之间沿进给方向上的相对位移量称为进给量，用 f 表示。当主运动为旋转运动时，进给量单位为 mm/r；当主运动为往复直线运动时，进给量单位为 mm/str；对于拉刀、铣刀等多齿刀具，进给量指每齿进给量，即 mm/z。

③ 背吃刀量　背吃刀量一般指工件待加工面与已加工面间的垂直距离，用 α_p 表示，单位为 mm。

5.1.5 零件切削加工的技术要求

零件设计时，为了保证机械设备的精度和使用寿命，要根据零件的不同作用提出合理的要求，这些要求通常称为零件的技术要求。零件的技术要求包括表面粗糙度、尺寸精度、位置精度、形状精度以及热处理等。其中前四项由切削加工来保证。

① 表面粗糙度　零件加工表面上的微观几何形状误差称为表面粗糙度。表面粗糙度常用轮廓算术平均偏差 Ra 表示。如图 5-4 所示，在取样长度 l 内，被测轮廓上各点至轮廓中线偏距绝对值的算术平均值，称为轮廓算术平均偏差 Ra，即

$$Ra = \frac{1}{l} \int_0^l |y(x)| \, dx \approx \frac{1}{n} \sum_{i=1}^n |y_i| \tag{5-3}$$

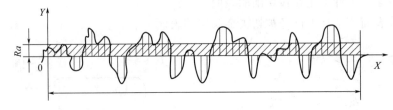

图 5-4　轮廓算术平均偏差

Ra 通常在 $50\sim0.012\mu m$ 范围内，Ra 值越小，表示零件表面越平滑。

表面粗糙度通常用符号 $\sqrt{}$ 表示，上面加一数字表示表面粗糙度值。如 $\sqrt[3.2]{}$ 表示用去除材料的方法获得的表面粗糙度 Ra 最大允许值为 $3.2\mu m$。

② 尺寸精度　尺寸精度是指零件的实际尺寸相对于理想尺寸的准确程度。尺寸精度由尺寸公差来显示，而尺寸公差是指零件对尺寸允许的变动量。同一基本尺寸的零件，其公差值愈小，则尺寸精度愈高。例如，一零件的某一尺寸为 $48^{+0.01}_{-0.03}$，其基本尺寸为 48mm，允许加工的最大尺寸是 48.01mm，最小尺寸为 47.97mm，尺寸的公差是 48.01－47.97＝0.04mm。

③ 形状精度　形状精度是指零件上的线、面要素的实际形状相对于理想形状的准确程度，它由轨迹法、成型法、展成法三种方法获得。形状精度是用形状公差来控制的，如表 5-1 所示。

表 5-1　形位公差特征及表达符号

公　差		特 征 项 目	符　　号	有或无基准要求
形状	形状	直线度	—	无
		平面度	▱	无
		圆度	○	无
		圆柱度	⌯	无
形状或位置	轮廓	线轮廓度	⌒	有或无
		面轮廓度	⌓	有或无
位置	定向	平行度	∥	有
		垂直度	⊥	有
		倾斜度	∠	有
	定位	位置度	⊕	有或无
		同轴(同心)度	◎	有
		对称度	⩵	有
	跳动	圆跳动	↗	有
		全跳动	↗↗	有

④ 位置精度　位置精度是指零件点、线、面的实际位置相对于理想位置的符合程度。零件表面的相互位置，主要由机床精度、夹具精度和工件的安装精度来保证。位置精度是用位置公差来控制的，如表 5-1 所示。

5.2　切削刀具

5.2.1　刀具材料

（1）刀具材料应具备的性能

刀具是切削加工过程中直接完成切削工作的主要工具之一。无论哪种刀具，一般都是由工作部分和夹持部分组成。刀具材料是指刀具工作部分的材料。在切削过程中，刀具要承受较大的切削力、较高的切削温度和与工件之间的剧烈摩擦，同时在加工余量不足或断续切削时，刀具还要承受冲击载荷和振动。因此刀具材料应具备以下几方面的性能：

ⅰ. 高硬度和高耐磨性；

ⅱ. 足够的强度和韧性；

ⅲ. 高的耐热性和化学稳定性；

ⅳ. 良好的工艺性和经济性。

（2）常用刀具的种类、主要性能与应用

切削刀具的材料有碳素工具钢、合金工具钢、高速钢、硬质合金、涂层刀具、陶瓷刀具、人造聚晶金刚石刀具、立方氮化硼刀具。其中高速钢、硬质合金和涂层刀具的使用最为普遍。表 5-2 是常用刀具材料的主要性能和用途。

表 5-2　常用刀具材料的主要性能和用途

种类	常用牌号	硬度/HRC	抗弯强度 ×10³ MPa	热硬性/℃	工艺性能	用途
碳素工具钢	T8A～T10A、T12A、T13A	60～65 81～84	2.5～2.8	200	可冷热加工成型、易刃磨	用于制造手动工具，如锉刀、锯条等
合金工具钢	9CrSi、CrWMn	60～65 81～84	2.5～2.8	250～300	可冷热加工成型、易刃磨，热变形小	用于低速成型刀具，如丝锥、板牙、铰刀等
高速钢	W18Cr4V、W6Mo5Cr4V2	62～70	2.5～4.5	540～600	可冷热加工，易成型、易刃磨，热变形小	用于中速及形状复杂的刀具，如钻头、铣刀、齿轮刀具、拉刀等
硬质合金	YG8、YG6、YG3、YT5、YT15、YT30	89～93	0.9～2.5	850～1000	粉末冶金成型，可多片使用，性脆、易崩刃	用于高速及较硬材料切削的刀具，如车刀、刨刀、铣刀的刀头等
陶瓷	SG4、AT6	大于1500HV		800～1100	硬度高于硬质合金，脆性略大于它	精加工优于硬质合金，用于加工硬材料，如淬火钢等
立方氮化硼	FD、LBN-Y	4500HV		900～1300	硬度和切削性能高于陶瓷，性脆	用于加工很硬材料，如淬火钢等
人造聚晶金刚石		2000～8000HV		600	硬度高于立方氮化硼，性脆	用于加工有色金属与非金属材料

5.2.2 刀具角度

刀具角度是零件加工质量重要的影响因素之一，因此有必要对刀具角度有一个了解。刀具种类繁多，其结构、性能又各异，但就切削部分的几何形状与参数却有共性的内容。下面以刀具中最基本、最具典型性的车刀为例，介绍刀具的组成和角度。

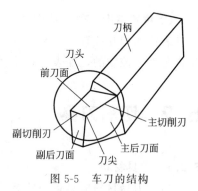

图 5-5 车刀的结构

（1）车刀切削部分的组成

车刀由夹持部分（刀柄）和切削部分（刀头）组成，而切削部分由前刀面、主后刀面、副后刀面、主切削刃、副切削刃和刀尖组成，即常说的"三面两刃一尖"，如图 5-5 所示。

① 前刀面 刀具上切屑流过的表面。

② 主后刀面 与工件上过渡表面相对的表面。

③ 副后刀面 与工件上已加工表面相对的表面。

④ 主切削刃 前刀面与主后刀面的交线，它承担主要的切削工作。

⑤ 副切削刃 前刀面与副后刀面的交线，它承担少量的切削工作，并起到修光作用。

⑥ 刀尖 主切削刃与副切削刃的交点，为了增加刀尖处的强度，改善散热条件，它通常是一小段过渡圆弧。

（2）车刀的辅助平面

为了确定刀具的几何角度，在静止参考系中选定三个辅助平面作为刀具设计、制造、刃磨和测量角度的基准，如图 5-6 所示。

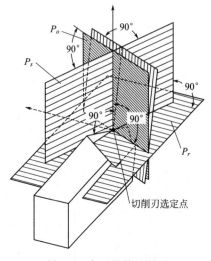

图 5-6 车刀的辅助平面

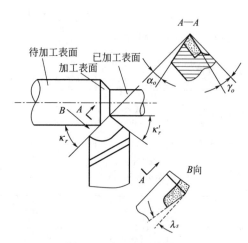

图 5-7 车刀的主要角度

① 基面 P_r 通过切削刃上选定点，并与该点切削速度方向垂直的平面。

② 切削平面 P_s 通过切削刃上选定点与切削刃相切并垂直于基面的平面。

③ 正交平面 P_o 通过切削刃上选定点并同时垂直于基面和切削平面的平面。

（3）车刀的几何角度和作用

车刀的几何角度主要包括前角 γ_o、后角 α_o、主偏角 κ_r、副偏角 κ_r'、刃倾角 λ_s，如图 5-7 所示。

① 前角 γ_0 在正交平面内测量的前刀面与基面之间的夹角。当前刀面位于基面下方时，前角为正；当前刀面位于基面上方时，前角为负。前角影响刃口的锋利程度和强度，影响切削变形程度和切削力大小。粗加工或加工脆性材料时，选取较小前角值，精加工或加工塑性材料时，选取较大值。

② 后角 α_0 在正交平面内测量的后刀面与切削平面之间的夹角。α_0 一般取 $3°\sim12°$。后角的作用主要是减少后刀面与工件之间的摩擦。粗加工时选取较小值，精加工时选取较大值。

③ 主偏角 κ_r 在基面内测量的主切削刃在基面上的投影与进给方向之间的夹角。主偏角的大小一方面影响切削条件和刀具寿命，同时还影响切削力的分解，如图 5-8 所示。车刀常用的主偏角有 $45°$、$60°$、$75°$、$90°$ 四种。

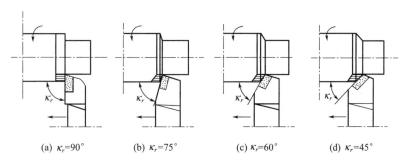

(a) $\kappa_r=90°$ (b) $\kappa_r=75°$ (c) $\kappa_r=60°$ (d) $\kappa_r=45°$

图 5-8 主偏角的作用

④ 副偏角 κ_r' 在基面内测量的副切削刃在基面上的投影与进给方向之间的夹角，副偏角一般为正值。副偏角的作用主要是减少副切削刃与已加工面间的摩擦，减小切削振动。在其它加工参数不变的情况下，副偏角的大小影响工件已加工表面残留面积的大小，因而影响表面粗糙度 Ra 大小，如图 5-9 所示。副偏角一般为 $5°\sim15°$，粗加工时取较大值，精加工时取较小值。

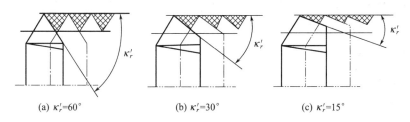

(a) $\kappa_r'=60°$ (b) $\kappa_r'=30°$ (c) $\kappa_r'=15°$

图 5-9 副偏角对残留面积的影响

⑤ 刃倾角 λ_s 在切削平面内测量的主切削刃与基面之间的夹角。刃倾角的大小主要影响切屑的流向，同时对刀尖强度也有一定的影响。

5.2.3 刀具的刃磨

① 砂轮的选用 切削过程中，刀具用钝后需要在砂轮机上重新刃磨，恢复刀具切削部分的形状和角度。按其磨料的不同，常用的砂轮有氧化铝砂轮和碳化硅砂轮。

氧化铝砂轮又称白刚玉砂轮，其磨粒韧性好，硬度较低，自锐性好，主要适用于刃磨高速工具钢刀具。

碳化硅砂轮多呈绿色，其磨粒硬度高，刃口锋利，脆性大，主要适用于刃磨硬质合金刀具。

② 刃磨的姿态和方法 刃磨刀具时，操作者应站在砂轮机的侧面，以防碎片击伤。两肘夹紧腰部，防止刃磨时的抖动。在刃磨车刀时，车刀应放在砂轮的水平中心，刀尖略翘，车刀接触砂轮后作水平移动。车刀与砂轮接触力不要太大，以防打滑伤手。

③ 刃磨的次序 刀具的刃磨分为粗磨和精磨。粗磨车刀时按照主后面、副后面、前面的顺序进行；精磨时按照前面、主后面、副后面、刀尖圆弧的顺序进行。对于硬质合金刀具，粗磨前要将前面、后面上的焊渣和突出的焊缝磨去，同时精磨后用油石研磨刃口。

5.3 常用量具

用来对毛坯、半成品和零件进行精度检测的工具称为量具。量具的种类很多，根据测量原理，量具可分为刻线量具和非刻线量具。随着科学技术的发展，又出现了突破刻线量具和非刻线量具界限的三坐标测量仪，实现了高精度、高效率的零件测量。下面对几种常用量具及使用方法进行介绍。

5.3.1 游标卡尺

游标卡尺可以直接测量零件的外径、内径、宽度、深度等尺寸，是一种精度较高的测量工具。按照测量精度可分为 0.1mm、0.02mm 和 0.05mm 三种规格。下面以精度为 0.02mm、测量范围为 0～200mm 的游标卡尺为例，见图 5-10 所示，说明其刻线原理和使用方法。

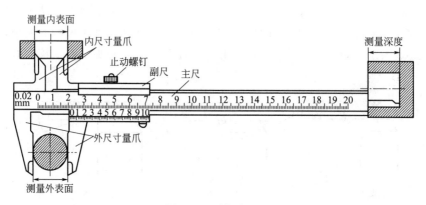

图 5-10 游标卡尺

（1）刻线原理

游标卡尺由主尺和副尺组成，如图 5-11 所示，在主尺尺身上每小格 1mm，在副尺游标上每小格 0.98mm，副尺共 50 小格。主尺和副尺每小格之差为 0.02mm，该差值代表游标卡尺的读数精度。

（2）读数方法

游标卡尺的读数分为三个步骤：

ⅰ. 根据副尺零线以左对应主尺上最近的刻度读出整数；

ⅱ. 根据副尺零线以右与主尺上某一刻线重合的副尺刻线数乘以 0.02 读出小数；

ⅲ. 将上述整数与小数相加即为测量的尺寸。

图 5-11 所示的读数为 $24+12\times0.02=24.24$mm。

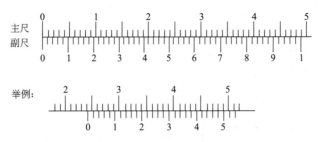

图 5-11　游标卡尺的刻线原理和读数方法

（3）使用方法

ⅰ．使用前先擦净内外尺寸量爪，再将两量爪贴紧，检查主尺和副尺的零线是否重合，如果不重合，应另外选用合格的游标卡尺或者经计量部门修理合格后再使用。

ⅱ．读出游标卡尺的读数。该项工作可在游标卡尺未从零件上取下前进行，读完后再松开游标卡尺；也可以将游标卡尺用止动螺钉锁紧取下后再读数。

ⅲ．测量时量爪逐渐靠近零件表面，直至轻微接触，同时注意卡尺放正，避免歪斜，以防测量不准，如图 5-12 所示。

ⅳ．严禁工件仍在运动状态时进行测量。

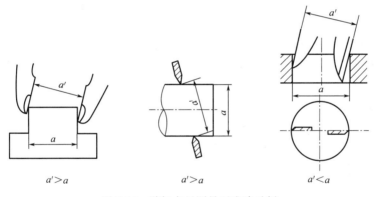

$a'>a$　　　　　　$a'>a$　　　　　　$a'<a$

图 5-12　游标卡尺测量不准确示例

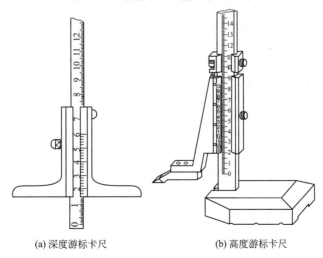

(a) 深度游标卡尺　　　　　(b) 高度游标卡尺

图 5-13　深度游标卡尺和高度游标卡尺

图 5-13 所示为专门用于测量零件深度和高度尺寸的游标卡尺，其读数方法和使用方法与上述游标卡尺相同。另外高度游标卡尺同时还可以用于精密划线。

当前，电子数显游标卡尺已得到使用，其使用方法与相应的游标卡尺相同，测量的数据可以在液晶显示屏上直接读出，如图 5-14 所示。但与传统的游标卡尺相比，其示值误差却较大，因此生产中往往用于非高精度尺寸的测量。

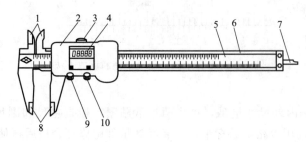

图 5-14　电子数显游标卡尺

1—内测量爪；2—尺框；3—紧固螺钉；4—显示屏；5—定栅尺；6—尺身；

7—深度尺；8—外测量爪；9—英制转换钮；10—任意位置复零钮

5.3.2　百分尺

百分尺是一种应用螺旋副传动原理，将回转运动转换为直线运动的量具，其测量精度为 0.01mm，所以称为百分尺，也习惯称为千分尺。按照用途分类，百分尺分为外径百分尺、内径百分尺及深度百分尺。

外径百分尺的测量范围有 0～25mm、25～50mm、50～75mm、75～100mm 等规格。

（1）刻线原理

图 5-15 所示为测量范围为 0～25mm 的外径百分尺。尺架的左端为测砧，右端的固定套筒在轴线上刻有中线，上下两排刻线相互错开 0.5mm，形成主尺。微分筒左端圆周上均匀分布 50 条刻线，形成副尺。微分筒和测微螺杆连在一起，当微分筒旋转 1 周，带动测微螺杆沿轴向移动 1 个螺距 0.5mm，因此，微分筒转过 1 格，测微螺杆轴向移动的距离为 0.5÷50＝0.01mm，这就是该百分尺的测量精度。

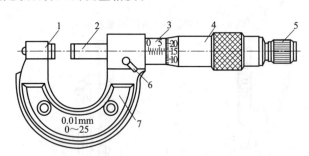

图 5-15　外径百分尺

1—测砧；2—测微螺杆；3—固定套筒；4—微分筒；

5—棘轮；6—锁紧钮；7—尺架

（2）读数方法

百分尺的读数分为三个步骤，如图 5-16 所示。

ⅰ. 读出固定套筒上最靠近微分筒的刻度值（应为 0.5 的整数倍）；

ⅱ. 读出微分筒上与轴向刻度线重合的圆周刻度值（刻线格数×0.01mm）；

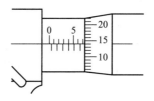

图 5-16　百分尺的读数

ⅲ．将上述两部分读数值相加即为测量数值。

图 5-16 所示，固定套筒读数为 7mm，微分筒上与轴向刻度线重合的圆周格数为 14 格，则该零件的测量尺寸为 7mm＋14×0.01mm＝7.14mm。

（3）使用方法

ⅰ．将测砧和测微螺杆擦拭干净，使它们相接触，观察微分筒零线与固定套筒中线是否重合。如不重合，应选用另外合格的百分尺或者经计量部门修理合格后再使用。

ⅱ．左手握住尺架，用右手旋转微分筒，当测微螺杆接近工件时，必须使用右端棘轮，以缓慢的速度与零件接触。当棘轮发出"嘎嘎"的声音时，表示接触压力适当，应停止旋转。

ⅲ．读出百分尺的读数。该项工作可在百分尺未从工件上取下前进行，读完后再松开百分尺；也可以将百分尺用锁紧钮锁紧取下后再读数。

ⅳ．被测尺寸的方向必须与测微螺杆的方向一致，不得用百分尺测量毛坯表面和运动中的工件。

5.3.3　百分表

百分表是一种精度较高的比较量具，只能用于测量相对数值，无法测出绝对值。它主要用于检测工件的形状误差、位置误差以及工件、夹具和刀具安装时的精密找正。百分表的精度为 0.01mm，根据测量范围分为 6～10mm、10～18mm、18～35mm、35～50mm、50～160mm、100～250mm、250～450mm 等规格。

（1）结构原理

百分表的结构如图 5-17 所示。测量工件时，测量杆上下移动，通过齿轮传动系统带动指示表的大、小指针摆动，刻度盘的小指针转过 1 格为 1mm，大指针转过 1 格为 0.01mm，

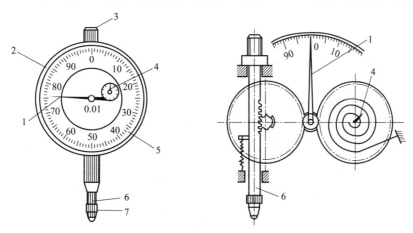

图 5-17　百分表结构

1—大指针；2—表壳；3—挡帽；4—小指针；5—刻度盘；6—测量杆；7—测量头

指针读数的变动量即为尺寸变化量。刻度盘可以转动，供测量时调整大指针对零位刻线之用。

（2）读数方法

首先读出小指针所转过的刻度线数（即毫米整数），再读出大指针转过的刻度线数并乘以 0.01（即小数部分），将上述两个数值相加，即为所测量的尺寸的变化量。

（3）使用方法

ⅰ．测量前检查测量杆的灵活性。具体做法是轻推测量杆，松开后指针是否恢复到原来的位置，如不能恢复到原来的位置，应选用另外合格的百分表或者经计量部门修理合格后再使用。

ⅱ．百分表一般需要和专用表架配套使用，表架底座有磁性。将表架放置在适当的稳固位置，保持测量杆与被测表面垂直，并旋转磁性表座按钮，使表架固定。

ⅲ．旋转或移动工件，读出读数。

ⅳ．测量完毕，将百分表擦拭干净，使测量杆保持自由状态，放入盒内。

图 5-18 为用百分表测量工件尺寸和上下面平行度的实例。

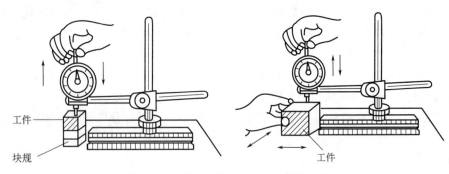

工件
块规
工件

图 5-18　用百分表检测工件尺寸和平行度

5.3.4　万能角度尺

万能角度尺是用于测量内、外角度的量具，按测量精度分为 2′ 和 5′ 两种，其示值误差分别是 ±2′ 和 ±5′，测量范围为 0°～320°。一般常用的是 2′ 的万能角度尺。

（1）刻线原理

万能角度尺主要由尺身、扇形板、基尺、游标、直角尺、直尺和卡块等组成，如图5-19所示。

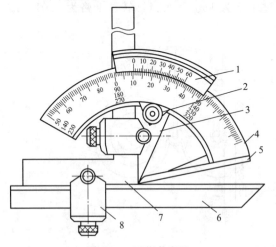

图 5-19　万能角度尺
1—游标；2—制动器；3—扇形板；4—主尺；
5—基尺；6—直尺；7—角尺；8—卡块

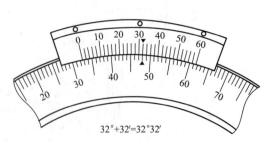

$32°+32′=32°32′$

图 5-20　万能角度尺的读数方法

万能角度尺尺身刻线每格为 1°，游标总共 30 格均分 29°，游标每格为 29÷30＝58′，尺身 1 格和游标 1 格差值为 1°－58′＝2′，因此其测量精度为 2′。

（2）读数方法

万能角度尺的读数方法与游标卡尺相同，即先读出尺身上游标尺零刻度前面的整度数，再看游标上与尺身刻线重合的读数（刻线格数×2′，单位为′），最后两者相加即为测量角度值，如图 5-20 所示。

（3）使用方法

ⅰ. 使用前首先将直角尺、直尺与主尺组装到一起，且直角尺的底边及基尺均与直尺无缝隙接触，检查主尺与游标的"0"线是否对齐，否则请及时更换或维修。

ⅱ. 根据测量的需要，调整和组合基尺、直角尺和直尺的相互位置。

ⅲ. 读出读数。

ⅳ. 万能角度尺使用完毕擦净后装入专用盒内。

图 5-21 为万能角度尺的应用实例。

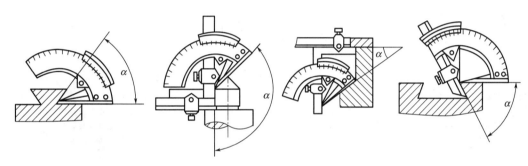

图 5-21　万能角度尺应用实例

5.3.5　直角尺

直角尺的两边成准确的 90°，是用于检查工件垂直面之间的垂直情况的非刻线量具。如图 5-22 所示，使用时，先将直角尺的一边与工件的一面贴紧，观察直角尺的另一边与工件之间的缝隙，借助于塞尺，即可检测出工件的垂直度误差。

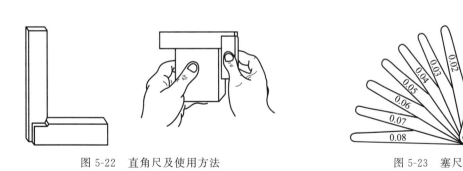

图 5-22　直角尺及使用方法　　　　　　　图 5-23　塞尺

5.3.6　塞尺

塞尺是用于测量微小间隙的薄片量具，它由一组不同厚度的薄钢片组成，在每一块薄钢片上都印有各自的厚度标记，如图 5-23 所示。

测量时，先擦净尺面和工件表面，根据被测缝隙的大小，选择一片或几片组合轻轻插入被测间隙进行测量。例如，若被测间隙能插入 0.15mm 的量尺组，换用 0.16mm 量尺组则插不进去,那么该间隙为 0.15mm。

5.3.7　塞规与卡规

塞规和卡规都属于检验极限尺寸的量具。

塞规用于检测孔径或槽宽的专用量具。其较短的一端叫"不过规"或"止规"、"止端",用于控制工件的最大极限尺寸;较长的一端叫"过规"或"过端"、"通端",用于控制工件的最小极限尺寸。如图 5-24(a) 所示,用塞规检测工件时,只有工件的尺寸能通过通端,而不能通过止端,才能说明工件的实际尺寸在公差范围之内,是合格品,否则就是不合格品。

卡规是用于检测轴径或厚度的专用量具。其功能和结构与塞规类似,也有通端和止端。检测工件时,只有工件的尺寸能够通过通端,而不能通过止端的情况下,尺寸才算合格,如图 5-24(b) 所示。

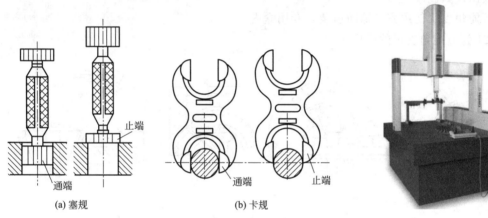

(a) 塞规　　　　　　　　　(b) 卡规

图 5-24　塞规和卡规的使用方法

图 5-25　三坐标测量仪

5.3.8　三坐标测量仪

三坐标测量仪是伴随现代制造业的飞速发展而产生的精密测量仪器,是集合信息技术、检测技术于一体的动态检测系统,如图 5-25 所示。三坐标测量仪具有高效率、高精度、高柔性的特点,作为一种具有一定通用性的智能化专用检测仪器,越来越广泛应用于零件的精密制造。

6 车削加工

6.1 车削加工概述

车削加工是指在车床上利用车刀进行的工件切削加工方法。在该加工过程中，工件的旋转运动为主运动，车刀相对工件的移动为进给运动。车削是切削加工方法中应用最为广泛的一种，其加工的尺寸公差一般为IT9～IT7，表面粗糙度值 Ra 值为 $6.3～1.6\mu m$。

车床的加工范围很广，主要用于加工各种回转表面，如内外圆面、内外锥面、端平面、内外沟槽、内外螺纹、内外成型面以及滚花等，如图 6-1 所示。

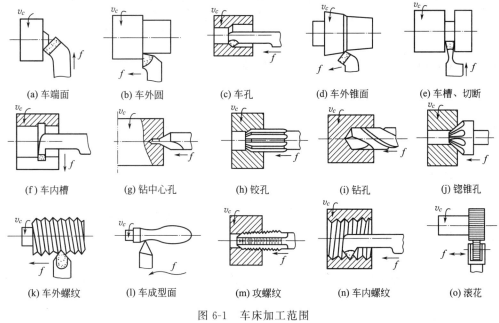

(a) 车端面　　(b) 车外圆　　(c) 车孔　　(d) 车外锥面　　(e) 车槽、切断

(f) 车内槽　　(g) 钻中心孔　　(h) 铰孔　　(i) 钻孔　　(j) 锪锥孔

(k) 车外螺纹　　(l) 车成型面　　(m) 攻螺纹　　(n) 车内螺纹　　(o) 滚花

图 6-1　车床加工范围

车削加工具有加工范围广、适应性强、生产效率高、刀具简单、生产成本低等特点。

6.2 车床

车床的种类很多，主要有卧式车床、立式车床、转塔车床、仪表车床、自动及半自动车床、数控车床等类型。

6.2.1 C6132-A 普通卧式车床的结构及作用

本章主要以 C6132-A 普通卧式车床为例介绍车床的结构，如图 6-2 所示。

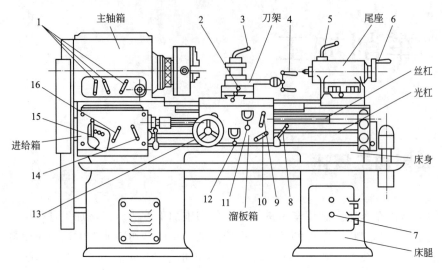

图 6-2 C6132-A 普通卧式车床结构

1—主轴变速短手柄；2—横向自动手柄；3—方刀架锁紧手柄；4—小滑板手柄；5—尾座
套筒锁紧手柄；6—尾座手轮；7—总电源开关；8—主轴启动和变向手柄；9—对开
螺母手柄；10—自动进给换向手柄；11—横向自动手柄；12—纵向自动手柄；
13—纵向手动手轮；14—离合手柄；15—诺顿手柄；16—倍增手柄

C6132-A 普通卧式车床主要由床身、主轴箱、进给箱、光杠、丝杠、溜板箱、刀架、尾座和床腿组成。

（1）床身

床身是用于安装车床各部件并保持各部件相对正确位置的基础零件。床身上的四条导轨用于引导刀架和尾座相对于主轴箱作正确的移动。

（2）主轴箱

主轴箱内装主轴和主轴变速机构。通过变速机构使主轴得到不同的转速，实现主轴的旋转运动。主轴为空心结构，便于穿过较长的棒料。在主轴的前端有外锥面，用于安装卡盘等附件，用来夹持工件。前端的内锥面用于安装顶尖。

（3）进给箱

内装进给运动变速机构，可以按照需要的进给量或螺距进行调整，达到改变进给速度的目的。

（4）溜板箱

溜板箱是进给运动的操纵箱，它可以将由光杠传来的旋转运动转变成车刀的横向或纵向直线运动，也可以通过操纵对开螺母将丝杠的旋转运动转变成刀架的纵向运动用于加工螺纹。

（5）光杠、丝杠

光杠和丝杠都起到传动的作用。光杠用于自动走刀时车削除螺纹以外的表面，而丝杠只用于车削螺纹。

（6）刀架

刀架用来夹持车刀并使其作横向、纵向及斜向运动，它为多层结构，由以下几部分组成，如图 6-3 所示。

① 大拖板（或称大刀架） 与溜板箱连接，可沿床身导轨作纵向运动（左右运动），它上面有横向导轨。

② 中拖板（或称中刀架、横刀架、中滑板） 它沿床鞍上面的导轨作横向运动。

③ 转盘 它与中滑板通过螺钉连接，松开紧固螺钉便可以在水平面内扳转任意角度。

④ 小拖板（小刀架、小滑板） 沿转盘上面的导轨作短距离移动。将转盘扳转某一角度后，小拖板带动车刀可作斜向运动，用于加工锥面。

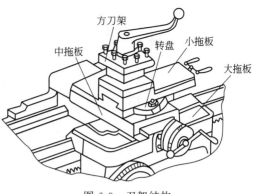

图 6-3 刀架结构

⑤ 方刀架 它固定在小滑板上，可同时装夹四把车刀。松开锁紧手柄，可通过转动方刀架，将所需要的车刀更换到工作位置。

（7）尾座

尾座安装在导轨上，尾座套筒内的顶尖可用来支撑工件，也可以在尾座上安装钻头、铰刀等刀具进行钻孔、扩孔、铰孔。

（8）床腿

床腿用于支撑床身及以上部件，并与地基连接。有些厂家生产的车床，其床腿和床身是一体的。

6.2.2 车床的传动

车床的传动系统由主运动传动系统和进给运动传动系统两部分组成。电动机的动力经皮带传给主轴箱，通过主轴箱变速机构使主轴得到不同的转速，主轴通过夹盘带动工件做旋转运动，同时主轴的旋转运动由挂轮箱经进给箱通过光杠或丝杠传递给溜板箱，带动刀架做进给运动或车削螺纹运动。车床传动系统如图 6-4 所示。

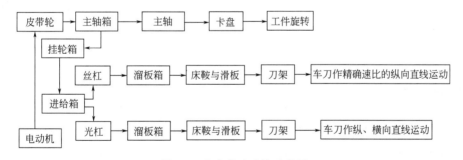

图 6-4 车床传动系统示意图

6.3 车刀

6.3.1 车刀的类型

车削加工中，根据不同的车削内容，需要使用不同类型的车刀。常用的车刀类型及其应用如图 6-5 所示。

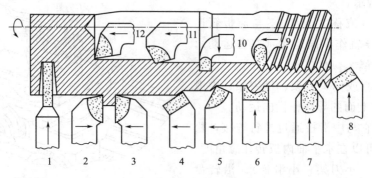

图 6-5　常用车刀类型及应用

1—切断刀；2—90°左偏刀；3—90°右偏刀；4、8—45°弯头刀；5—直头外圆车刀；6—成型车刀；

7—外螺纹车刀；9—内螺纹车刀；10—窄刃内槽车刀；11—通孔车刀；12—盲孔车刀

（1）外圆车刀

外圆车刀用于车削加工外圆柱面和外圆锥面，它分为45°弯头车刀［图6-5车刀4］、直头车刀［图6-5车刀5］和90°偏刀［图6-5车刀2、3］三种。直头车刀常用于加工光轴，90°右偏刀车外圆时由于径向力很小，常用于车削细长轴，还可以加工有直角台阶的外圆。45°弯头外圆刀既可加工外圆，又可加工端面和倒角，应用广泛。

（2）端面车刀

端面车刀一般采用45°弯头刀［图6-5车刀8］或90°偏刀［图6-5车刀2、3］，用于车削垂直于轴线的工件端平面，它工作时采用横向进给。

（3）切断刀

切断刀［图6-5车刀1］既可用于窄槽的加工，又可用于将加工好的零件从坯料上切下来。切断刀往往切削部分的宽度较小、强度低、易折断，所以加工时进给速度不能太大。

（4）内孔车刀（镗孔刀）

内孔车刀用于加工圆孔。由于内孔车刀的刀杆截面和悬伸长度受到孔径、孔深的限制，所以与外圆车刀相比，其刚度低、容易产生振动，只能承受较小的切削力。内孔车刀分为通孔车刀［图6-5车刀11］和盲孔车刀［图6-5车刀12］。切削内孔窄槽时，可用窄刃内槽车刀［图6-5车刀10］。

（5）螺纹车刀

螺纹车刀分为外螺纹车刀［图6-5车刀7］和内螺纹车刀［图6-5车刀9］两种，按照所加工的螺纹牙型不同，每种螺纹车刀又分为三角螺纹车刀、梯形螺纹车刀、方牙螺纹车刀等几种。车削螺纹与攻螺纹和套螺纹相比，虽然加工效率低，但加工精度较高。

（6）成型车刀

成型车刀［图6-5车刀6］是一种加工回转体成型表面的专用刀具，其切削刃部分的外形与成型表面相对应，主要应用于大批量生产中。用于工件45°倒角的45°弯头车刀也可视为成型车刀。

6.3.2　车刀的结构

车刀由刀头和刀柄两部分组成。刀头是车刀的主要部分，承担车削加工任务；刀柄用于车刀的夹持安装。

车刀的结构有以下三种形式，如图6-6所示。

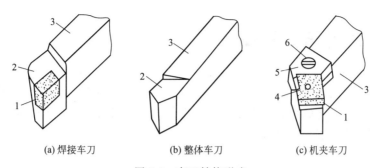

(a) 焊接车刀　　　　(b) 整体车刀　　　　(c) 机夹车刀

图 6-6　车刀结构形式

1—刀片；2—刀头；3—刀柄；4—圆柱销；5—楔块；6—紧固螺钉

① 焊接车刀　将硬质合金刀片焊接在刀头部位。焊接车刀使用灵活，结构紧凑。

② 整体车刀　整体车刀刀头的切削部分是靠刃磨得到的，其材料多用高速钢制成，一般用于工件的低速精车。

③ 机夹车刀　机夹车刀简称为机夹刀，是将多边多刃的硬质合金刀片用机械紧固的方式固定在刀头上，当一个刀刃磨损后，只需要转一个方向并予以紧固，即可重新使用，直到刀片的所有刃全部磨损后再重新更换新的刀片，刀柄利用率高。

6.3.3　车刀的安装

车刀必须牢固正确地固定在刀架上，如图 6-7 所示。安装车刀时应注意如下几点。

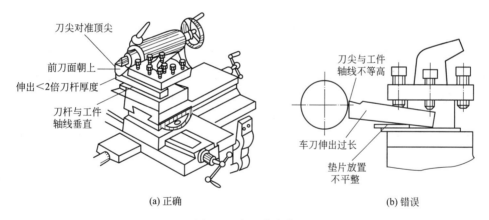

(a) 正确　　　　　　　　　　　(b) 错误

图 6-7　车刀的安装

ⅰ. 刀头伸出长度一般应为刀杆厚度的 1.5～2 倍。刀头伸出太长，容易产生振动，影响加工精度。

ⅱ. 刀尖应与车床主轴中心线等高。车刀装得太高，会导致后刀面与工件的摩擦加剧，减小刀具的寿命；装得太低，前角减小，影响刀刃的锋利程度。刀尖的高低可根据尾架顶尖高度进行调整。

ⅲ. 车刀底面的垫片要平整。尽可能用厚垫片，减少垫片的数量。刀尖高度调整好后，至少用两个紧固螺钉交替将车刀拧紧。

ⅳ. 用锁紧手柄将方刀架锁紧。

ⅴ. 装好零件和刀具后，在车床启动之前，利用手动的方式，检查加工过程中是否会发生干涉、碰撞，并及时加以修正。

6.4　车床附件与工件安装

普通车床常用的附件有三爪卡盘、四爪卡盘、顶尖、中心架、跟刀架、心轴、花盘。在生产中要根据零件及毛坯的形状、大小和加工批量选择适当的安装方式和车床附件。工件安装的总体原则是准确、安全、高效、方便。

（1）三爪卡盘

三爪卡盘是一个自定心机构，是车床上最常用的附件，其结构如图 6-8 所示。

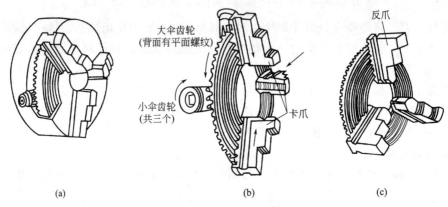

图 6-8　三爪卡盘结构

用卡盘扳手插入任意一个方孔内转动，三个卡爪可以同步联动，使三个卡爪始终位于主轴同心的圆周上，即实现自对中的目的。因此，三爪卡盘适宜夹持圆形、正三角形、正六边形的毛坯零件。而将三个卡爪反装，则可以夹持直径较大的零件。

（2）四爪卡盘

四爪卡盘具有四个可分别独立移动的卡爪，如图 6-9 所示。工件的旋转中心是通过分别调整四个卡爪来实现的。四爪卡盘不但可以装夹截面为圆形的工件，还可以装夹截面为方形、长方形、梯形、椭圆形以及其它不规则形状的工件。若加工的零件存在偏心，也常用四爪卡盘装夹。

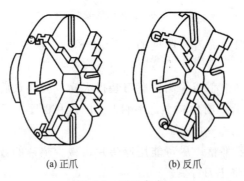

(a)正爪　　　　　　(b)反爪

图 6-9　四爪卡盘

用四爪卡盘装夹工件时，应在工件上用划针画出加工线，而后仔细找正，如图 6-10 所示。

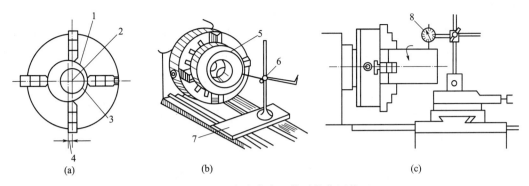

图 6-10　四爪卡盘装夹工件时的位置找正

1—工件；2—车床主轴回转中心；3—圆圈线；4—偏心距；5—孔加工线；

6—划线盘；7—木板；8—百分表

（3）顶尖

在车床上加工轴类零件时，常用双顶尖装夹，其形状如图 6-11 所示。顶尖分为死顶尖和活顶尖。装夹工件时，车床的前端用死顶尖，后端用活顶尖。由于轴承的运动精度影响工件定位精度，所以生产中在粗加工和半精加工时，采用活顶尖。当轴的精度要求较高时，后顶尖也应使用死顶尖，并加注润滑油来减小顶尖与工件中心孔的摩擦。双顶尖装夹工件时，要与拨盘及卡箍配合使用，如图 6-12 所示。

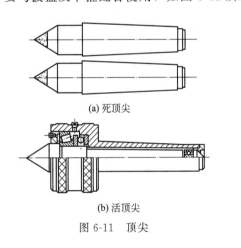

（a）死顶尖

（b）活顶尖

图 6-11　顶尖

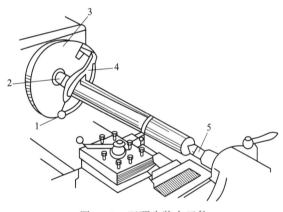

图 6-12　双顶尖装夹工件

1—夹紧螺钉；2—前顶尖；3—拨盘；4—卡箍；5—后顶尖

用双顶尖安装轴类零件的步骤如下。

① 在轴两端钻中心孔　根据中心钻的型号不同，中心孔也有两种类型，如图 6-13 所示。

中心孔的 60°锥面与顶尖配合，前面的小圆柱孔是为了保证顶尖与锥面的紧密接触，同时可以预存润滑油。双锥面中心孔的 120°锥面称为保护锥面，用于防止 60°锥面被损坏而不

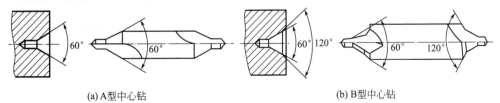

（a）A型中心钻　　　　　　　　　　　　　（b）B型中心钻

图 6-13　中心孔及所用的中心钻

能与顶尖紧密接触。在钻中心孔之前，要首先将工件端面车平。

②顶尖安装和校正　安装时擦净尾座套筒锥孔和顶尖锥柄，然后对正撞紧。校正时将尾座移向主轴箱检查前后顶尖的轴线是否重合，如图 6-14 所示。轴线不重合会产生轴被加工成锥体的情况。

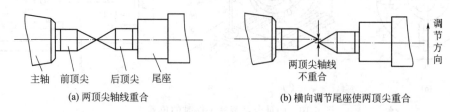

(a) 两顶尖轴线重合　　　　　　(b) 横向调节尾座使两顶尖重合

图 6-14　顶尖校正

（4）心轴

心轴一般用双顶尖夹在车床上，用于安装形状复杂或同轴度要求较高的盘套类零件。心轴的种类较多，常用的有锥度心轴和圆柱体心轴。

用心轴安装工件前，要对工件的孔进行精加工，然后以孔定位，将零件安装在心轴上，再将心轴安装在前后顶尖之间。

当工件的孔深小于孔径时，一般采用圆柱体心轴；当孔深大于孔径时，一般采用锥度心轴，如图 6-15 所示。

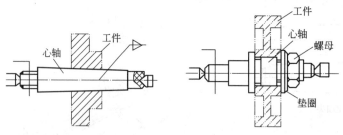

图 6-15　心轴安装工件

（5）中心架和跟刀架

在加工细长轴时，为了防止工件受切削力的作用而产生弯曲变形，常用跟刀架和中心架作为辅助支撑，增强工件的刚性。

中心架固定在床身导轨上，以互成 120° 的三个支承爪支承在预先已加工的工件外圆面上，如图 6-16 所示。中心架多用于加工细长阶梯轴。

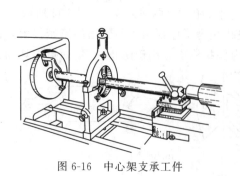

图 6-16　中心架支承工件

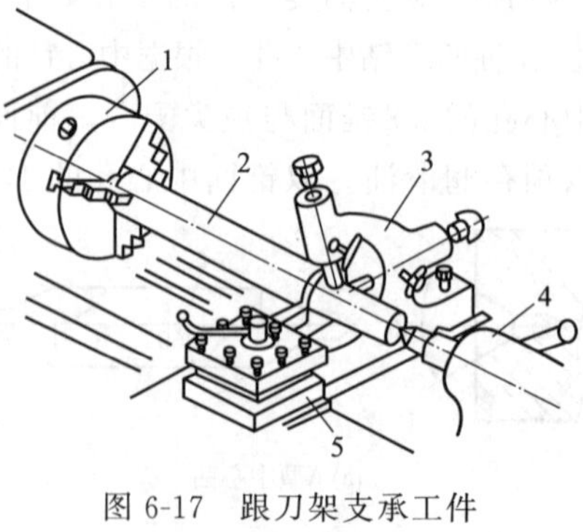

图 6-17　跟刀架支承工件

1—三爪卡盘；2—工件；3—跟刀架；4—尾座；5—刀架

跟刀架是固定在大拖板上，与大拖板一起做纵向运动。跟刀架有两个支承爪，适用于夹持精车或半精车的细长光轴，如图 6-17 所示。

在使用中心架和跟刀架加工过程中，要在支承点加注机油润滑，同时工件的转速不能太高，以免因摩擦而产生过热，烧坏或磨损支承爪。

6.5 车削加工基本操作要点

6.5.1 刻度盘及手柄的使用

车削工件时要正确控制吃刀深度。吃刀深度的调整利用大、中、小拖板上的刻度盘来进行，因此熟练使用刻度盘至关重要。

中拖板的刻度盘安装在中拖板的丝杠上，当中拖板的手柄转动一圈时，则带动丝杠旋转一圈，这时螺母带着中拖板移动一个螺距。中拖板移动的距离可通过刻度盘上的格数读出。

$$刻度盘每转 1 格中拖板移动的距离 = \frac{丝杠螺距}{刻度盘格数} （mm） \tag{6-1}$$

如果中拖板丝杠螺距为 4mm，刻度盘分为 200 格，那么每转 1 格的移动距离为 4/200 ＝ 0.02mm。由于车刀是在旋转的工件上加工，因此当中拖板刻度盘每进 1 格时，工件直径上的切削量是吃刀量的两倍，即 0.04mm。回转表面的加工余量是对直径而言的，工件的测量尺寸也是针对直径的变化量，所以用中拖板刻度盘进刀时，通常将每格读作 0.04mm。加工零件表面时，车刀靠近加工面为进刀，远离加工面为退刀。

由于丝杠与螺母之间存在间隙，实际操作时会产生一定的空行程，即刻度盘转动而拖板未移动，所以进刀时必须慢慢将刻度盘转到所需的格数，尽量避免刻度过头，如图 6-18（a）所示；但如果发现刻度盘手柄摇过了头而需将车刀退回时，决不允许直接退回，如图 6-18（b）所示，而必须向相反方向摇过半圈左右，而后摇到所需要的格数，如图 6-18（c）所示，以便消除丝杠螺母间隙。

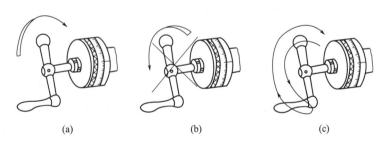

（a）   （b）   （c）

图 6-18　利用刻度盘进刀方法

小拖板刻度盘的原理及其使用方法与中拖板刻度盘相同。小拖板刻度盘主要用于控制工件长度方向的尺寸，因此，与加工旋转面不同的是小拖板的移动量就是工件长度的切削量。

6.5.2 工件试切操作

工件实际加工时，为了保证精度要求和安全需要，应首先进行试切削（简称试切）。试切削的方法与步骤如图 6-19 所示。

图 6-19（a）～（f）是试切的一个完整循环。如果尺寸合格，就按照该吃刀量 a_p 将工件表面加工完毕，则要再次进行试切，直到尺寸合格后才能继续加工下去。

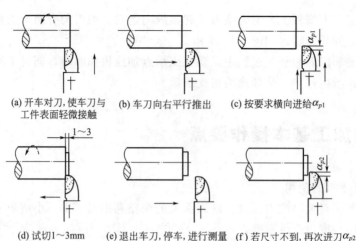

(a) 开车对刀,使车刀与　　(b) 车刀向右平行推出　　(c) 按要求横向进给α_{p1}
工件表面轻微接触

(d) 试切1~3mm　　(e) 退出车刀,停车,进行测量　(f) 若尺寸不到,再次进刀α_{p2}

图 6-19　试切削步骤

6.5.3　粗车和精车

为了获得较高的生产效率和保证加工精度,可将工件加工分为若干个步骤。对精度要求较高的零件,一般按照粗车、半精车、精车顺序进行。

① 粗车　粗车的目的是尽快将毛坯上大部分加工余量去除,使工件的尺寸、形状接近图纸要求,并给精车留有余量。粗车后的公差等级一般为 IT14~IT11,表面粗糙度值 Ra 为 50~12.5μm。

在卧式车床上利用硬质合金车刀粗车时,吃刀量 α_p 取 2~4mm,进给量 f 取 0.15~0.40mm/r,切削速度 v_c 根据不同的材料而有所区别,车削钢时取 50~70m/min,车削铸铁时取 40~60m/min,车削铝合金时取 30~50m/min。粗车给精车(或半精车)留有的加工余量一般为 0.5~2mm。

② 精车　精车的目的是保证加工精度和表面粗糙度达到设计要求。精车后的公差等级一般为 IT8~IT7,表面粗糙度值 Ra 为 3.2~1.6μm。

精车时,因为刻度盘和丝杠螺距存在一定的误差,因此,完全依靠刻度盘定吃刀量无法保证工件的尺寸精度,必须采用试切的方法。试切操作步骤详见 6.5.2 节中"工件试切操作"介绍。

除尺寸精度外,精车时表面粗糙度也必须符合设计要求。减小表面粗糙度 Ra 值的主要措施有以下几种。

ⅰ. 选择适当几何形状的车刀。采用较小的副偏角或者刀尖处刃磨成小圆弧。

ⅱ. 选用较大的前角。刀具刃磨后再用油石将刀具的前刀面和后刀面打磨得光些。

ⅲ. 选择合理的切削用量。精车的切削用量范围推荐如下:吃刀量 α_p,高速精车时取 0.3~0.5mm,低速精车时取 0.05~0.10mm;进给量 f 取 0.05~0.20mm/r;切削速度 v_c,硬质合金车刀车削钢件时取 100~200m/min,硬质合金车刀车削铸铁件时取 60~100m/min。

ⅳ. 合理使用切削液。低速精车钢件时使用乳化液,低速精车铸铁件时使用煤油。

6.6　车削基本工作

6.6.1　车削端面

车端面是车削零件的第一个工序。常见的端面车刀及端面车削方法如图 6-20 所示。

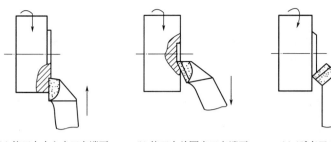

(a) 偏刀向中心走刀车端面   (b) 偏刀向外圆走刀车端面   (c) 45°车刀车端面

图 6-20　端面车削方法

车端面时常用偏刀或弯头刀。端面车削时应注意以下几点。

ⅰ. 车刀安装时刀尖应对准工件中心，以免车出的端面中心留有凸台。

ⅱ. 断面直径从外到中心不断变化，切削速度也在改变，因此计算切削速度时应按端面最大直径处计算。

ⅲ. 车削直径较大的端面时，若出现凹心或鼓凸的情况，应停车检查车刀或方刀架是否锁紧、大拖板是否松动。

6.6.2　车削外圆和台阶

常见的外圆加工方法和所用外圆车刀如图 6-21 所示。尖刀主要用于车削没有台阶或台阶不大的外圆，并可倒角；弯头刀适于车削外圆、端面、倒角和有 45°斜台阶的外圆；主偏角为 90°的右偏刀，车削外圆时径向力较小，常用于细长轴和有直角台阶的车削。

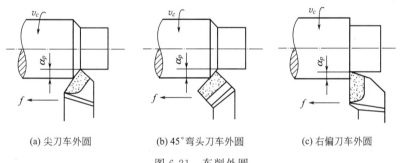

(a) 尖刀车外圆   (b) 45°弯头刀车外圆   (c) 右偏刀车外圆

图 6-21　车削外圆

台阶车削方法与车削外圆基本相同，但在车削时应兼顾外圆直径和台阶长度两个方向的尺寸要求，同时必须保证台阶平面与工件轴线的垂直度要求。

车削高度在 5mm 以下的台阶时，可用主偏角为 90°的偏刀在车外圆时同时车出；车削高度在 5mm 以上的台阶时，应分层车削，如图 6-22 所示。

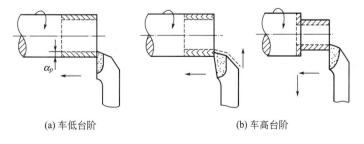

(a) 车低台阶   (b) 车高台阶

图 6-22　车削台阶

6.6.3 钻孔和车孔

（1）钻孔、扩孔和铰孔

在车床上钻孔的方法如图 6-23 所示。工件装夹在卡盘上，锥柄钻头安装在尾座套筒锥孔内（若是直柄钻头则用钻夹头夹持，再将钻夹头的锥柄插入尾座套筒锥孔内），根据孔深尺寸将尾座移动到适当位置并锁紧。为防止钻孔时钻头偏斜，应先用中心钻钻出中心孔，以便钻头定位。钻孔时摇动尾座手轮使钻头缓慢进给，摇动手轮时用力不要过猛，以免折断钻头。钻头要经常退出排屑，并加适当的切削液进行润滑和冷却。

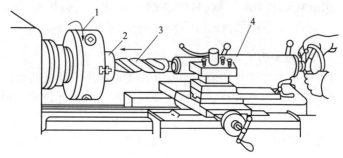

图 6-23　车床上钻孔方法

1—三爪卡盘；2—工件；3—钻头；4—尾座

扩孔是用扩孔刀具将工件原有的孔径扩大，常用扩孔刀具有麻花钻和扩孔钻。一般工件的扩孔可用麻花钻，对于精度要求较高的孔，可用扩孔钻扩孔。

铰孔是孔的精加工，所用刀具是铰刀。

扩孔和铰孔的方法与钻孔相同。

（2）车孔

车孔（也称镗孔）是对钻出或铸、锻出的孔的进一步加工，如图 6-24 所示。车孔的加工范围很广，其加工精度等级可达 IT8～IT7，表面粗糙度 Ra 值可达 $5\sim1.25\mu m$，车削加工出来的孔的位置精度一般要高于钻孔。

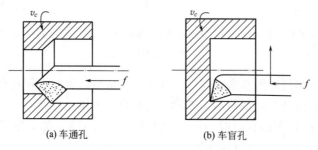

(a) 车通孔　　　　(b) 车盲孔

图 6-24　车孔

车通孔时使用主偏角小于 90° 的车孔刀；车盲孔时使用主偏角大于 90° 的车孔刀。车削盲孔时，当车刀纵向进给至孔深时，需要作横向进给加工内表面，以便保证内端面与孔轴线垂直。

6.6.4 车槽和切断

车槽和切断均使用切断刀，切断刀的刀头较窄，两侧磨有副偏角和副后角，因此刀头薄弱，强度较差，容易折断。装刀时，应保证刀头两边对称。

（1）车槽

在车床上可以车外槽、内槽和端面槽。当槽的宽度不大时，可用刀头宽度等于槽宽的切断刀一次车成，如图 6-25 所示。车内槽和车外槽，采用的是横向进给；车端面槽采用纵向进给。

若槽宽尺寸较大，可用切断刀分若干次车成，如图 6-26 所示。首先分次车出，均横向进给，基本达到槽宽要求，到最后一次先横向进给达到槽深要求，再纵向进给，精车槽底，并利用横向退刀达到宽槽要求。

（2）切断

用于加工零件的毛坯可能较长，可以加工成多个零件，此时需要将毛坯切割成适当的段；或者工件车削完成后，要将工件从毛坯上切割下来，以上都是切断。

切断的方法如图 6-27 所示。在保证刀尖能够车到工件中心的前提下，切断刀伸出刀架之外的长度尽量短些，工件的切断处也应尽量靠近卡盘。

切断时，切削速度一般较低，用高速钢切断时，切削速度为 0.3m/s，用硬质合金切断刀时，切削速度为 1.2m/s。工件即将切断时，要放慢进给速度，以免折断刀头或使工件飞出。

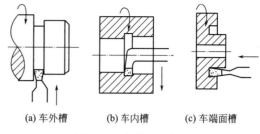

(a) 车外槽　　　(b) 车内槽　　　(c) 车端面槽

图 6-25　车槽及切断刀

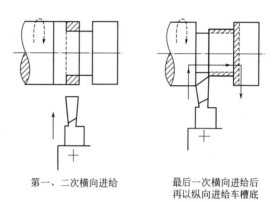

第一、二次横向进给　　　最后一次横向进给后再以纵向进给车槽底

图 6-26　车宽槽

6.6.5　车螺纹

6.6.5.1　螺纹种类及要求

螺纹是机械设备中重要的零部件连接方式之一，其尺寸精度要求较高。螺纹的种类很多，按制式分为公制和英制，按牙型分为三角螺纹、方形（矩形）螺纹、梯形螺纹，如图 6-28 所示。三角螺纹作连接和紧固使用，方形螺纹和梯形螺纹作传动使用。各种螺纹又有右旋和左旋之分及单线和多线螺纹之分。其中应用最为广泛的是单线、右旋的公制三角螺纹。

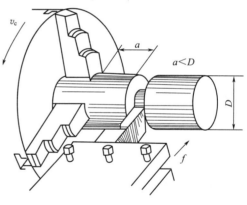

图 6-27　切断方法

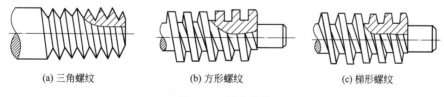

(a) 三角螺纹　　　　　(b) 方形螺纹　　　　　(c) 梯形螺纹

图 6-28　螺纹种类

普通三角螺纹的基本牙型如图 6-29 所示。决定螺纹形状和尺寸的牙型、中径 d_2（D_2）和螺距 P 被称为螺纹三要素。车削螺纹时，这三个要素必须都符合要求，螺纹才是合格的。

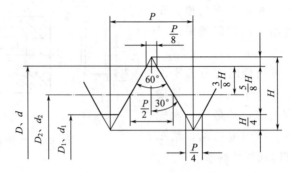

图 6-29 普通三角螺纹基本牙型

d—外螺纹大径（公称直径）；d_1—外螺纹小径；d_2—外螺纹中径；D—内螺纹大径（公称直径）；

D_1—内螺纹小径；D_2—内螺纹中径；P—螺距；H—原始三角形高度

在车床上加工螺纹有车螺纹（内外螺纹）、套螺纹（外螺纹）、攻螺纹（内螺纹）等几种方法。

6.6.5.2 普通螺纹的车削

（1）螺纹刀及安装

普通三角螺纹的牙型角为 60°，所以螺纹刀两侧刃的夹角也应为 60°。为保证该角度的准确性，刃磨时，应使用角度样板进行检验。刀尖合格后，用油石将刀尖磨出半径为 0.1～0.2mm 的半径。

螺纹刀安装时应保证刀尖严格对准工件旋转中心，同时刀尖的中心线与工件轴线垂直。

（2）进给系统调整

螺距的大小由机床传动系统来保证，工件旋转一周时，螺纹刀须准确移动一个螺距。调整时，先通过手柄将丝杠接通，再根据工件的螺距大小，按照进给箱标牌上标示的手柄位置变换配换齿轮的齿数及各进给变速手柄的位置。

车削右旋螺纹时，变向手柄调整到车右螺纹位置；车左螺纹时，则将变向手柄调整到车左螺纹位置。

（3）车削螺纹操作方法和步骤

车削螺纹时，若车床丝杠螺距与工件螺纹螺距成整倍数时，采用对开螺母法。若车床丝杠螺距与工件螺纹螺距不是整倍数关系时，采用正反车法。

① 正反车法（车床丝杠螺距不是工件螺距整倍数）　正反车法车削螺纹的操作步骤如图 6-30 所示。

ⅰ. 开动车床，使螺纹刀与工件表面轻微接触，记下刻度盘读数，向右退出车刀；

ⅱ. 闭合对开螺母，在工件表面车出一条螺旋线，横向退出车刀；

ⅲ. 开反车将车刀退到工件右端，停车，用螺距规检查螺距尺寸是否正确；

ⅳ. 螺距无误后，利用刻度盘调整进刀深度，开车进行车削；

ⅴ. 车刀将至行程终了时，提前做好退刀准备，行程结束，首先快速退出车刀，然后反车退回工件右端；

ⅵ. 调整切深，重复以上 ⅰ～ⅴ 的步骤，直至螺纹加工符合图纸技术要求，螺纹的最终检验可利用螺纹量规进行。

② 对开螺母法（车床丝杠螺距是工件螺距整倍数）　对开螺母法车削螺纹的步骤分以下几步。

ⅰ．开动车床，使螺纹刀与工件表面轻微接触，记下刻度盘读数，向右退出车刀；

ⅱ．闭合对开螺母，在工件表面车出一条螺旋线，断开对开螺母，横向手动退出车刀；

ⅲ．手动将车刀退到工件右端，停车，用螺距规检查螺距尺寸是否正确；

ⅳ．螺距无误后，利用刻度盘调整进刀深度，开车进行车削；

ⅴ．调整切深，重复以上ⅰ～ⅳ的步骤，直至螺纹加工符合图纸技术要求。螺纹的最终检验可利用螺纹量规进行。

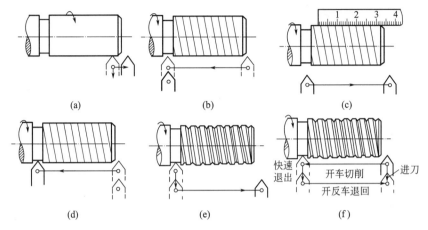

图 6-30　正反车法车削螺纹的操作步骤

6.6.6　滚花

某些工具和零件的手柄部分，为了美观和便于把持，常在其表面滚压出花纹。

在车床上利用滚花刀挤压工件，使其表面产生塑性变形而形成花纹的过程，称为滚花，如图 6-31 所示。

根据滚花轮的数量，可将滚花刀分为单轮、双轮和六轮滚花刀，如图 6-32 所示。单轮滚花刀加工出的花纹是直纹，而双轮和六轮滚花刀加工出的花纹均是网纹（网格密度不同）。

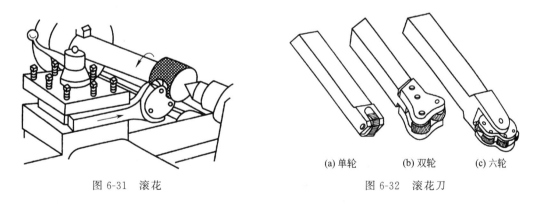

图 6-31　滚花　　　　　　　　　　　　图 6-32　滚花刀

6.6.7　车削圆锥面

将工件车削成圆锥表面的方法称为车圆锥。在机器设备中常采用内外圆锥面为配合表面，例如车床尾座套筒的锥孔与钻头、钻夹头和顶尖锥柄的配合等，其具有配合紧密、装卸方便、多次拆装仍保持准确的定心作用。

常用的车圆锥方法有小拖板转位法、尾座偏移法、靠模法和宽刀法。

① 小拖板转位法　小拖板转位法适用于加工内、外圆锥面。用卡盘将工件夹持，先按

大端直径和锥体长度车成圆柱体，再将小拖板上的两个螺栓松开，转动小拖板，转动的角度应等于圆锥体的锥角的一半，再拧紧螺栓固定小拖板。然后启动车床，转动小拖板手柄进给，车刀的运动轨迹即是锥面母线，如图6-33（a）所示。

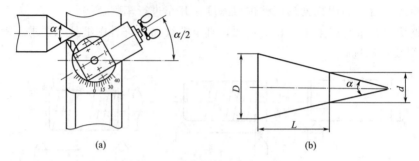

图 6-33 小拖板转位法加工圆锥

小拖板转盘转动角度计算方法如图6-33（b）所示：

$$C = 2\tan\alpha = \frac{D-d}{L} \tag{6-2}$$

式中　C——锥度，（°）；

　　　D——圆锥大端直径，mm；

　　　d——圆锥小端直径，mm；

　　　L——椎体轴向长度，mm；

　　　α——圆锥角，（°）。

小拖板转位法车削圆锥操作简单，可加工任意锥角的锥面。但受小拖板行程限制，只能车削较短的圆锥体，且只能手动进给。

② 尾座偏移法　尾座偏移法主要用于车削锥度小、锥形部分较长的外圆锥面。将尾座上的滑板横向偏移一个距离 s，使偏移后两个顶尖连线与原来两顶尖中心线的夹角为 $\alpha/2$，尾座的偏向取决于工件大小头在两个顶尖之间的加工位置。尾座的偏移量 s 与工件总长有关，如图6-34所示。偏移量 s 用式(6-3) 计算：

$$s = \frac{D-d}{2L}L_0 \tag{6-3}$$

式中　s——尾座偏移量，mm；

　　　D——锥体大头直径，mm；

　　　d——锥体小头直径，mm；

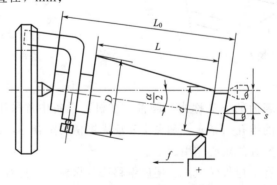

图 6-34 尾座偏移法车削圆锥

L——工件锥体部分长度，mm；

L_0——工件总长度，mm。

③ 靠模法　靠模法主要用于车削大长度、高精度的内、外圆锥面。靠模装置能够使车刀在纵向进给的同时，还横向进给，使车刀的移动轨迹与被加工工件的母线平行，如图6-35所示。

靠模法操作简单，效率高，多用于批量生产，可加工内、外锥面。

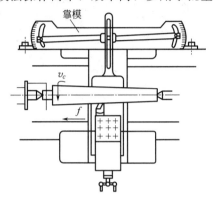

图 6-35　靠模法车削圆锥

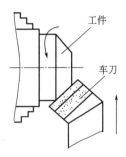

图 6-36　宽刀法车削圆锥

④ 宽刀法　在车削较短的内、外圆锥面时，可用宽刃车刀直接车出，如图 6-36 所示。宽刃刀的刀刃必须平直，只作横向进给，即可将锥面车出。

安装车刀时，应使车刀刃与轴线的夹角等于工件圆锥角的一半（$\alpha/2$），同时保证车床较高的刚性，避免振动。

6.6.8　车削回转成型面

回转成型面是由一条曲线（母线）绕一固定轴线回转而成的表面。车削回转成型面的方法有双手赶刀法、成型刀法、靠模法。

（1）双手赶刀法

车削时双手同时摇动中拖板和小拖板或大拖板的手柄，使刀刃所走的轨迹与回转成型面的母线一致，如图6-37所示。由于手动走刀不均匀，需反复用样板检验度量和车削，还要用锉刀进行修复砂布抛光，因此适用于单件生产。

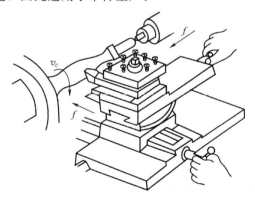

图 6-37　双手赶刀法车削成型面

（2）成型刀法

在车削长度较小的回转成型面时可用成型刀直接车出，如图 6-38 所示。

成型刀刃与回转成型面的母线相一致，即可将成型面车出。由于成型刀的刀刃不能太宽，刃磨出的曲线形状也不十分准确，因此适用于生产外形比较简单、要求不太高、批量较大的工件。

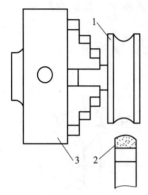 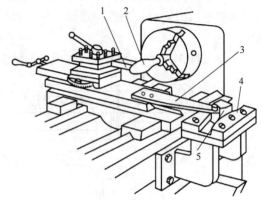

图 6-38　成型刀法车削成型面　　　　图 6-39　靠模法车削成型面
1—工件；2—成型刀；3—卡盘　　1—车刀；2—工件；3—拉杆；4—靠模；5—滚柱

（3）靠模法

靠模法车削成型面的原理与靠模法车削圆锥面相同。靠模装置能够使车刀在自动纵向进给的同时还进行自动横向进给，使刀刃所走的轨迹与回转成型面的母线一致。因此适用复杂成型面的批量生产，如图 6-39 所示。

6.7　车削加工安全技术条例

ⅰ．工作时要穿紧身的工作服，女同学的长发要盘入工作帽内，严禁穿高跟鞋、拖鞋进入工作现场，严禁戴手套操作。

ⅱ．工件和刀具装夹应牢固可靠，工具、量具整齐排列在主轴箱台面上。工件装夹时用力要均匀，防止滑落伤手。装夹完毕后及时将扳手取下放在规定的位置，严禁在未取下扳手的情况下启动车床。

ⅲ．工作时头部不可离工件太近，必要时佩戴防护目镜，以防切屑伤及眼睛。

ⅳ．工件未完全停止转动之前，不得测量工件和用手触摸工件，不得用手直接清理切屑。转换转速必须在车床完全停止后进行，不得用手去刹住即将停止转动的卡盘。

ⅴ．自动进给时，严禁床鞍或中滑板超过极限位置，以防滑板脱落或碰撞卡盘。

ⅵ．工件加工完毕，严禁立刻触摸工件和刀具，以防烫伤。

ⅶ．工件加工结束，将放置在安全开关套筒内的夹紧扳手取出，放置在车床主轴箱台面上，以便断开车床电源。下班之前清理切屑、清洁车床、加油润滑保养，保持环境清洁。

6.8　工件外圆车削操作练习

根据指导教师所讲授的车床操作要领，为提高对车床操作的熟练程度，以图 6-40 所示的简单零件为例进行外圆车削的反复操作训练（暂不考虑加工工艺）。该零件材料为铝合金，

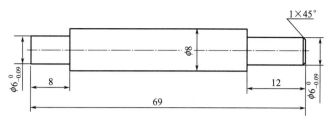

图 6-40　传动螺钉

单件生产，练习过程如表 6-1。练习结束后，卸下工件，测量工件尺寸是否符合零件图纸尺寸要求。

表 6-1　传动螺钉车削加工工艺

工序号	简　图	操　作　内　容	刀具、附件
1		①伸出 41mm 夹紧，平端面见平 ②在 35mm 处划极限位置，外径车至 ϕ8mm ③在 8mm 处划线痕，外径车至 $\phi6_{-0.09}^{0}$mm	90°外圆偏刀 三爪卡盘
2		①调头伸出 40mm 夹紧，平端面，保证总长 69mm ②车外圆至 ϕ8mm ③在 12mm 处划线痕，外径车至 $\phi6_{-0.09}^{0}$mm ④倒角 1×45°	90°外圆偏刀 三爪卡盘

6.9　车工实验

6.9.1　刀具角度测量

（1）实验目的

ⅰ.掌握车刀量角台的使用和角度的测量方法；

ⅱ.通过测量加深对车刀各几何角度的理解。

（2）实验设备

ⅰ.车刀量角台；

ⅱ.75°外圆车刀、90°外圆车刀、切断刀、40°外圆车刀。

（3）实验原理

根据 5.2.2 节对刀具各角度的定义，利用 BR-CLY 车刀量角台进行测量。

（4）操作步骤

车刀量角台的结构如图 6-41 所示。

① 测量主偏角 κ_r　主偏角是在基面上测量的主切削刃与车刀进给方向之间的夹角。测量时，车刀放在工作台上，用刀台的侧面和底面定位。此时刀台底面表示基面，刀台侧面表示车刀轴线，量刀板正面表示车刀进给方向。以顺时针方向旋转矩形工作台，同时推动车刀沿刀台侧面（紧贴）前进，使主切削刃与量刀板正面密合。此时工作台指针指向盘形工作台上的刻度值即为主偏角，如图 6-42 所示。测量值填入表 6-2。

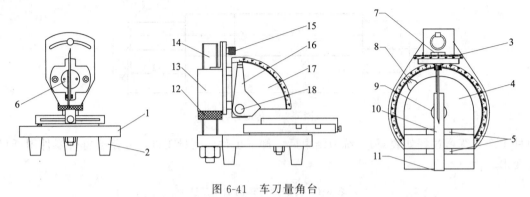

图 6-41　车刀量角台

1—底盘；2—支脚；3—小刻度盘；4—工作台；5—导条；6—摇臂轴；7—小指针；8—指针；
9—转动轴；10—定位块；11—定位螺钉；12—立柱；13—滑体；14—升降螺母；
15—螺钉轴；16—大指针；17—大刻度盘；18—螺钉

② 测量副偏角 κ_r'　副偏角是在基面上副切削刃与车刀进给方向之间的夹角。测量时逆时针方向旋转盘形工作台，同时推进车刀使副切削刃与量刀板正面贴紧读出的刻度值即为副偏角，如图 6-43 所示。测量值填入表 6-2。

③ 测量刃倾角 λ_s　刃倾角是在切削平面上测量的主切削刃与基面间的夹角。量出主偏角后，工作台位置不变，旋松定位螺钉，逆时针方向旋转升降螺母，微升量角器，并微推进车刀，使量刀板底面对准并紧贴在主切削刃上，量刀板指针在量角器刻度上读数即为刃倾角，如图 6-44 所示。测量值填入表 6-2。

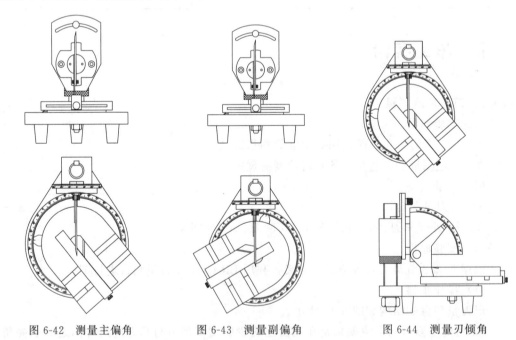

图 6-42　测量主偏角　　　　图 6-43　测量副偏角　　　　图 6-44　测量刃倾角

④ 测量前角 γ_o　前角是在主剖面内测量两前刀面与基面之间的夹角。测量时，在滑移刀台上定好位的车刀随盘形工作台逆时针方向选择主偏角值 κ_r，此时量刀板在前刀面上的投影即表示主剖面的方向，量刀板底面与前刀面贴紧时所转过的度数即为前角角度值，如图6-45 所示。测量值填入表 6-2。

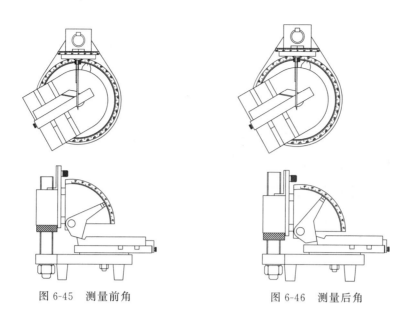

| 图 6-45　测量前角 | 图 6-46　测量后角 |

⑤ 测量后角 α_o　后角也是在主剖面内测量的后刀面与切削平面之间的夹角，车刀的定位与测前角相同，只是使量刀板的侧面与车刀的后刀面贴紧，此时量刀板所转的角度即为后角角度值，如图 6-46 所示。测量值填入表 6-2。

表 6-2　刀具测量值

刀具名称	前角 γ_o	后角 α_o	主偏角 κ_r	副偏角 κ_r'	刃倾角 λ_s
75°外圆车刀					
90°外圆车刀					
切断刀					
40°外圆车刀					

6.9.2　装夹方法对工件加工精度的影响

6.9.2.1　实验目的

ⅰ．了解装夹方法对工件加工精度的影响；

ⅱ．掌握典型零件正确的装夹方法。

6.9.2.2　实验设备

车床，偏摆仪。

6.9.2.3　实验原理

零件的加工工艺制定应体现粗加工和精加工分开的原则和"一刀活"的原则。对盘套类零件，相对孔的轴线有圆跳动和端面跳动等位置精度要求的外圆和端面应在一次装夹中与孔同时完成精加工。对轴类零件而言，某些外圆对两支承轴颈的公共轴线有径向圆跳动或同轴度公差，因此一般采用双顶尖的装夹方法，保证其加工精度。

用双顶尖或心轴装夹工件并安装在偏摆仪上，转动工件，读出百分表的摆动偏差，此值即为测量表面的跳动值，如图 6-47 所示。其中刀具材料为 YT15。

6.9.2.4　操作步骤

（1）齿轮坯

齿轮坯零件图如图 6-48 所示，工件材料为铝合金，毛坯为 $\phi60mm \times 25mm$ 的棒料。

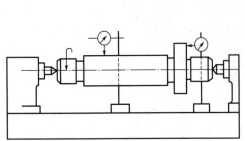

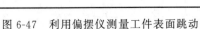

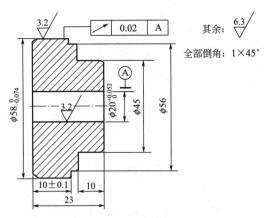

图 6-47 利用偏摆仪测量工件表面跳动

图 6-48 齿轮坯

① 齿轮坯加工工艺 A 该加工工艺的特点是外圆 $\phi58^{0}_{-0.074}$ 与内孔 $\phi20^{+0.052}_{0}$ 的精加工是在一次装夹中加工完成的。加工工艺过程如表 6-3。

表 6-3 齿轮坯加工工艺 A

工序号	简 图	加 工 内 容	刀具、夹件
1		①伸出 16mm 夹紧； ②平端面，见平； ③在 13mm 处划极限位置，外径粗车至 $\phi56$； ④在 9.5mm 处划线痕，粗车外径至 $\phi46$	90°外圆偏刀三爪卡盘
2		①调头，卡 $\phi46$ 外圆； ②平端面，见平； ③粗车外圆至 $\phi58.5$； ④钻中心孔； ⑤钻孔 $\phi18$； ⑥粗车孔至 $\phi19$； ⑦精车孔至尺寸 $\phi20^{+0.052}_{0}$； ⑧精车端面，保证总长 24mm； ⑨精车外圆至尺寸 $\phi58^{0}_{-0.074}$； ⑩倒内角 1×45°； ⑪倒外角 1×45°	90°外圆偏刀 中心钻 $\phi18$ 钻头 45°弯刀 镗孔刀 三爪卡盘
3		①调头夹 $\phi58^{0}_{-0.074}$，垫铜皮，找正； ②精车各端面，保证长度 10mm±0.1mm、23mm、10mm； ③精车外径 $\phi45$ 至尺寸； ④倒内角 1×45°； ⑤倒外角 1×45°	90°外圆偏刀 45°弯头刀 三爪卡盘

② 齿轮坯加工工艺 B 该加工工艺的特点是外圆 $\phi58^{0}_{-0.074}$ 与内孔 $\phi20^{+0.052}_{0}$ 的精加工是在二次装夹中分别加工完成的。加工工艺过程如表 6-4。

i. 将利用上述两种加工工艺方法加工的齿轮坯分别装夹在实验提供的心轴上。

ii. 将心轴安装在偏摆仪双顶尖之间，调整好百分表，分别测量两种加工方法加工出的齿轮坯外圆 $\phi58^{0}_{-0.074}$ 对内孔轴线的径向跳动值，填入表 6-5。

iii. 对测量数据进行分析，得出结论，并将结论填入表 6-5。

表 6-4　齿轮坯加工工艺 **B**

工序号	简　图	工　艺　过　程	刀具、夹件
1		①伸出 16mm 夹紧； ②平端面，见平； ③在 13mm 处划极限位置，外径粗车至 $\phi56$； ④在 9.5mm 处划线痕，粗车外径至 $\phi46$	90°外圆偏刀 三爪卡盘
2		①调头，卡 $\phi46$ 外圆； ②平端面； ③粗车外圆至 $\phi58.5$； ④钻中心孔； ⑤钻孔 $\phi18$； ⑥粗车孔至 $\phi19$； ⑦精车端面，保证总长 24mm； ⑧精车外圆至尺寸 $\phi58_{-0.074}^{\;\;\;0}$； ⑨倒内角 1×45°； ⑩倒外角 1×45°	90°外圆偏刀 中心钻 $\phi18$ 钻头 45°弯刀 镗孔刀 三爪卡盘
3		①调头夹 $\phi58_{-0.074}^{\;\;\;0}$，垫铜皮，找正； ②精车各端面，保证长度 10mm±0.1mm、23mm、10mm； ③精车外径 $\phi45$ 至尺寸； ④精车孔至尺寸 $\phi20_{0}^{+0.052}$； ⑤倒内角 1×45°； ⑥倒外角 1×45°	90°外圆偏刀 45°弯头刀 镗孔刀 三爪卡盘

表 6-5　齿轮坯外圆跳动测量值

齿轮坯	加工方法	外圆对内孔轴线的径向跳动				结　论
		第一次测量值	第二次测量值	第三次测量值	平均测量值	
	加工工艺 A					
	加工工艺 B					

（2）传动轴

传动轴的示意图如图 6-49 所示，工件材料为 45 钢。

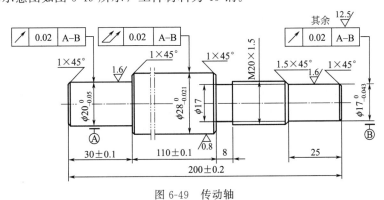

图 6-49　传动轴

① 传动轴加工工艺 A　该加工工艺的特点是各外圆的精加工是采用三爪卡盘和单顶尖装夹加工完成的。加工工艺过程如表 6-6。

② 传动轴加工工艺 B　该加工工艺的特点是各外圆的精加工是在采用双顶尖装夹的情况下加工完成的。加工工艺过程如表 6-7。

表 6-6　传动轴加工工艺 A

序号	简　图	工　艺　过　程	刀具、夹具
1	45 钢　下料：φ32×205mm		锯床
2	30	①伸出 30mm 夹紧； ②平端面见平； ③钻中心孔	45°弯头刀 中心钻 三爪卡盘
3	50　φ25　30	①调头，伸出 50mm 夹紧； ②平端面保证总长 200mm±0.20mm； ③在 30mm 处划极限位置，粗车外径至 φ25； ④钻中心孔	45°弯头刀 90°外圆偏刀 中心钻 三爪卡盘
4	180　29.5　φ25　φ30　φ22	①调头装夹 φ25 处，伸出 180mm 粗车外径至 φ30； ②在 29.5mm 处划线痕，粗车外径至 φ22	90°外圆偏刀 活顶尖 三爪卡盘
5	180　φ25　φ22　φ19　24.5　59.5	①调头夹 φ22 处，伸出 180mm 在 59.5mm 处划线痕粗车至 φ22； ②在 24.5mm 处划线痕粗车至 φ19	90°外圆偏刀 活顶尖 三爪卡盘
6	180　30±0.1　1×45°　1×45°　φ19　$\phi28_{-0.021}^{\ 0}$　$\phi20_{-0.05}^{\ 0}$	①调头夹 φ19 处，伸出 180mm，半精车 φ30 至 φ28.5； ②半精车 φ22 至 φ20.5 保证长度 30mm±0.10mm； ③精车 φ28.5 至 $\phi28_{-0.021}^{\ 0}$； ④精车 φ20.5 至 $\phi20_{-0.05}^{\ 0}$； ⑤倒角 1×45°两处	45°弯头刀 90°外圆偏刀 活顶尖 三爪卡盘
7	180　25　1×45°　$\phi17_{-0.043}^{\ 0}$　1×45°　φ20　φ28　φ22　110±0.10	①调头垫铜皮夹 φ20 处，伸出 180mm； ②平端面保证 φ28 的轴向长度 110mm±0.10mm； ③半精车 φ19 至 φ17.5，保证长度 25mm； ④精车 φ17.5 至 $\phi17_{-0.043}^{\ 0}$，倒角 1×45°两处	45°弯头刀 90°外圆偏刀 活顶尖 三爪卡盘
8	180　8　M20×1.5　1.5×45°　φ20　φ28　φ17	①调头垫铜皮夹 φ20 处，伸出 180mm，车 φ22 至 φ19.8，倒角 1.5×45°； ②切退刀槽 φ17×8； ③加工螺纹 M20×1.5	90°外圆偏刀 45°弯头刀 切断刀 60°螺纹刀 三爪卡盘

表 6-7　传动轴加工工艺 B

序号	简　图	工　艺　过　程	刀具、夹具
1	45 钢　下料：$\phi32\times205mm$		锯床
2		①伸出 30mm 夹紧，平端面； ②钻中心孔	45°弯头刀 中心钻 三爪卡盘
3		①调头，伸出 50mm 夹紧； ②平端面保证总长 200mm±0.20mm； ③在 30mm 处划极限位置，车外径至 $\phi25$； ④钻中心孔	45°弯头刀 90°外圆偏刀 中心钻 三爪卡盘
4		加工前顶尖：锥度 60°	90°外圆偏刀
5		①调头卡箍卡 $\phi25$ 处； ②粗车外径至 $\phi30$； ③在 29.5mm 处划线痕，粗车外径至 $\phi22$	90°外圆偏刀 活顶尖 前顶尖 卡箍 三爪卡盘
6		①调头卡箍卡 $\phi22$ 处； ②在 59.5mm 处划线痕粗车至 $\phi22$； ③在 24.5mm 处划线痕粗车至 $\phi19$	90°外圆偏刀 活顶尖 前顶尖 卡箍 三爪卡盘
7		①调头卡箍卡 $\phi19$ 处； ②半精车 $\phi30$ 至 $\phi28.5$； ③半精车 $\phi22$ 至 $\phi20.5$ 保证长度 30mm±0.10mm； ④精车 $\phi28.5$ 至 $\phi28_{-0.021}^{0}$； ⑤精车 $\phi20.5$ 至 $\phi20_{-0.05}^{0}$； ⑥倒角 1×45°两处	90°外圆偏刀 活顶尖 前顶尖 卡箍 三爪卡盘
8		①调头垫铜皮卡箍卡 $\phi20$ 处； ②平端面保证 $\phi28$ 的轴向长度 110mm±0.10mm； ③半精车 $\phi19$ 至 $\phi17.5$，保证长度 25mm； ④精车 $\phi17.5$ 至 $\phi17_{-0.043}^{0}$； ⑤倒角 1×45°两处	90°外圆偏刀 45°弯头刀 活顶尖 前顶尖 卡箍 三爪卡盘
9		①调头垫铜皮卡箍卡 $\phi20$ 处； ②车 $\phi22$ 至 $\phi19.8$； ③倒角 1.5×45°； ④切退刀槽 $\phi17\times8$； ⑤加工螺纹 M20×1.5	90°外圆偏刀 45°弯头刀 切断刀 60°螺纹刀 三爪卡盘

ⅰ．将利用上述两种加工工艺方法加工的传动轴分别装夹在偏摆仪双顶尖之间；

ⅱ．调整好百分表，测量 3 个外圆的径向跳动值，填入表 6-8。

表 6-8　传动轴外圆跳动测量值

加工方法		测量位置	外圆对 A、B 公共轴线的径向跳动				结论
			第一次测量值	第二次测量值	第三次测量值	平均测量值	
传动轴	加工工艺 A	$\phi 20_{-0.05}^{0}$					
		$\phi 28_{-0.021}^{0}$					
		$\phi 17_{-0.043}^{0}$					
	加工工艺 B	$\phi 20_{-0.05}^{0}$					
		$\phi 28_{-0.021}^{0}$					
		$\phi 17_{-0.043}^{0}$					

6.9.3　切削参数对加工表面粗糙度的影响

6.9.3.1　实验目的

ⅰ．了解切削参数对工件加工表面粗糙度的影响；

ⅱ．掌握由切削速度确定主轴转速的计算方法。

6.9.3.2　实验设备

ⅰ．车床；

ⅱ．表面粗糙度仪或粗糙度样板。

6.9.3.3　实验原理

影响表面粗糙度的主要因素包括切削残留面积、积屑瘤和工艺振动系统三方面。工件加工过程中，在工艺系统和刀具角度不变的情况下，切削参数对工件加工表面粗糙度的影响如表 6-9 所示。其中工件材料为 45 钢，刀具材料 YT15。

表 6-9　切削参数对表面粗糙度的影响

序号	项　目	变　化　量	粗糙度 Ra 值
1	切削速度 v_c/(m/min)	高速或低速下增大	基本不变
	进给量 f/(mm/r)	不变	
	切削深度 a_p/mm	不变	
2	切削速度 v_c/(m/min)	中速下	增大
	进给量 f/(mm/r)	不变	
	切削深度 a_p/mm	不变	
3	切削速度 v_c/(m/min)	不变	增大
	进给量 f/(mm/r)	增大	
	切削深度 a_p/mm	不变	
4	切削速度 v_c/(m/min)	不变	增大
	进给量 f/(mm/r)	不变	
	切削深度 a_p/mm	增大	

6.9.3.4　操作步骤

ⅰ．在切削速度、进给量和切削深度三个切削参数中，按照某一参数变化而其它两个参数不变的情况，分别加工工件；

ⅱ．将上述工件分别在表面粗糙度仪上或比照粗糙度样板检测出工件的表面粗糙度值，并填入表 6-10 中；

ⅲ．对实验数据进行分析，得出结论，填入表 6-10 中。

表 6-10　切削参数对表面粗糙度影响实验数据

序号	工件外径/mm	主轴转速/(r/min)	项　目	项目值	粗糙度 Ra 值	结　论
1			切削速度 v_c/(m/min)	5～10		
			进给量 f/(mm/r)	0.2		
			切削深度 α_p/mm	1		
2			切削速度 v_c/(m/min)	40～50		
			进给量 f/(mm/r)	0.2		
			切削深度 α_p/mm	1		
3			切削速度 v_c/(m/min)	80～100		
			进给量 f/(mm/r)	0.2		
			切削深度 α_p/mm	1		
4			切削速度 v_c/(m/min)	20～30		
			进给量 f/(mm/r)	0.1		
			切削深度 α_p/mm	1		
5			切削速度 v_c/(m/min)	20～30		
			进给量 f/(mm/r)	0.2		
			切削深度 α_p/mm	1		
6			切削速度 v_c/(m/min)	20～30		
			进给量 f/(mm/r)	0.4		
			切削深度 α_p/mm	1		
7			切削速度 v_c/(m/min)	20～30		
			进给量 f/(mm/r)	0.2		
			切削深度 α_p/mm	0.5		
8			切削速度 v_c/(m/min)	20～30		
			进给量 f/(mm/r)	0.2		
			切削深度 α_p/mm	1		
9			切削速度 v_c/(m/min)	20～30		
			进给量 f/(mm/r)	0.2		
			切削深度 α_p/mm	2		

7 铣削加工

7.1 铣削加工概述

铣削加工是指利用铣床进行的工件加工工作。铣削加工时，铣刀的旋转是主运动，工件随工作台的移动是进给运动。在切削加工中，铣削的工作量仅次于车削。

铣削加工的范围比较广，可加工平面（水平面、垂直面、斜面）、台阶面、沟槽（包括键槽、燕尾槽、T形槽、圆弧槽、直角槽和螺旋槽）、成型面、内孔和齿轮等，如图 7-1 所示。铣削的尺寸精度等级一般可达 IT9～IT8，表面粗糙度值 Ra 可达 3.2～1.6μm。

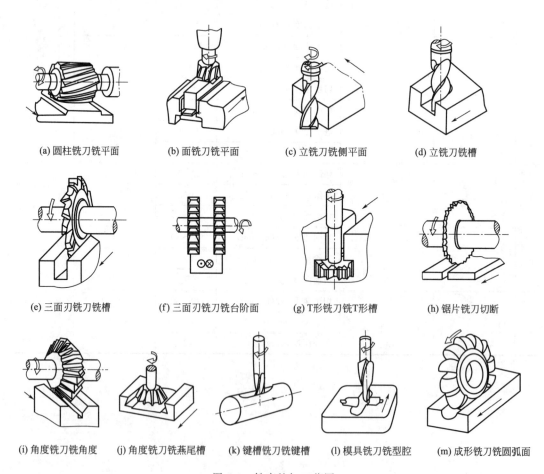

(a) 圆柱铣刀铣平面	(b) 面铣刀铣平面	(c) 立铣刀铣侧平面	(d) 立铣刀铣槽
(e) 三面刃铣刀铣槽	(f) 三面刃铣刀铣台阶面	(g) T形铣刀铣T形槽	(h) 锯片铣刀切断
(i) 角度铣刀铣角度	(j) 角度铣刀铣燕尾槽	(k) 键槽铣刀铣键槽	(l) 模具铣刀铣型腔	(m) 成形铣刀铣圆弧面

图 7-1　铣床的加工范围

7.2 铣床

铣床的种类很多，最常用的是立式升降台铣床和卧式升降台铣床，其主要区别在于前者的主轴轴线与工作台垂直，而后者的主轴轴线则与工作台平行。

7.2.1 立式升降台铣床

图 7-2 所示为 X5030 立式铣床，其编号 X5030 的含义是：X 表示铣床类，50 表示立式升降台铣床，30 表示工作台宽度的 1/10，即该型号机床的工作台宽度为 300mm。

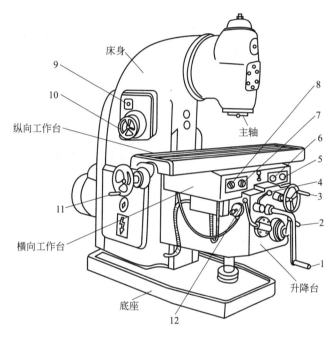

图 7-2　X5030 立式铣床

1—升降手动手柄；2—进给量调整手轮；3—横向手动手轮；4—纵、横、垂直方向自动进给选择手柄；
5—铣床启动按钮；6—机床总停按钮；7—自动进给换向旋钮；8—切削液泵开关按钮；9—主轴
点动按钮；10—主轴变速手柄；11—纵向手动手轮；12—快动手柄

（1）X5030 立式升降台铣床的结构

X5030 立式升降台铣床由床身、主轴、升降台、底座、横向工作台、纵向工作台组成。铣削时，由主轴带动安装在其上面的刀具作旋转运动，工作台带动工件作横向、纵向或垂直直线运动。

① 床身　用于固定和支撑铣床各部件，其内部装有电动机、主轴和主轴变速机构。

② 主轴　铣床主轴是前端带有 7∶24 的精密锥孔的空心轴，用于安装铣刀刀柄并带动铣刀旋转。

③ 升降台　升降台可以使整个工作台沿床身的垂直导轨上下移动，以调整工作台面到铣刀的距离，也可以带动工件作垂直方向进给。

④ 底座　底座用于支撑床身和工作台，并与地基相连接。

⑤ 横向工作台　横向工作台位于升降台上面的水平导轨上，带动纵向工作台作横向

进给。

⑥ 纵向工作台　纵向工作台位于横向工作台之上，可沿着横向工作台的导轨槽作纵向移动，以带动台面上的工件纵向进给。

（2）X5030 立式铣床的调整及手柄使用

① 主轴转速调整　转动主轴转速手轮，可以得到从 35～1600r/min 12 种不同的转速。变速时必须停车，并且主轴完全停止转动之后。

② 进给量调整　顺时针转动进给量调整手轮，可以获得数码盘上标注的 14 种低速挡进给量；若先顺时针转动调整手轮，然后逆时针锁紧，则能够获得 14 种高速挡进给量，合计可得到从 12～720mm/min 28 种进给量。另外需要注意的是，垂向进给量是数码盘所列数值的 1/3。

③ 手动手（柄）的使用　操作者面对机床，顺时针转动工作台左端的纵向手动手轮，工作台向右移动；逆时针转动，则向左移动；顺时针转动横向手动手轮，工作台向前移动，反之则向后移动；顺时针摇动升降手动手柄，工作台上升，反之则下降。

④ 自动进给手柄的使用　在主轴旋转的状态下，纵、横、垂直方向自动进给选择手柄的使用要与自动进给换向旋钮配合使用。自动进给选择手柄向右扳动，则选择的是纵向自动进给，此时换向旋钮向左转动则工作台向左自动进给，而向右旋转则工作台向右进给；若手柄向左扳动，则选择的是垂向自动进给，此时旋钮向左转动则工作台向上进给，而向右转动则工作台向下进给；若手柄向前推，则选择的是横向自动进给，此时旋钮向左转动则工作台向前进给，而向右转动则工作台向后进给。手柄和旋钮在中间位置时，均为停止状态。

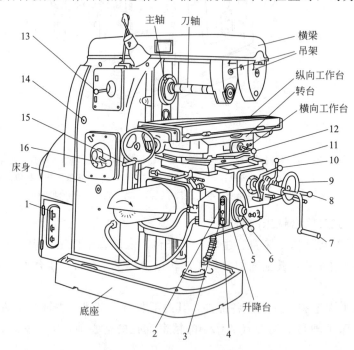

图 7-3　X6125 卧式升降台铣床

1—总开关；2—主轴电动机启动按钮；3—进给电动机启动按钮；4—机床总停按钮；5—进给高、低速度调整盘；6—进给数码转盘手柄；7—升降手动手柄；8—纵、横、垂直方向自动进给选择手柄；9—横向手动手轮；10—升降自动手柄；11—横向自动手柄；12—纵向自动手柄；13—主轴高、低速手柄；14—主轴点动按钮；15—纵向手动手轮；16—主轴变速手柄

7.2.2 卧式升降台铣床

卧式升降台铣床的主要特点是主轴轴线与工作台面平行。铣削时，铣刀安装在主轴上或与主轴连接的刀轴上，随主轴作旋转运动。装夹在夹具或工作台上的工件，随工作台作横向、纵向或垂向直线运动。

如图7-3所示，X6125卧式万能升降台铣床的主要组成部分与X5030立式升降台铣床基本相同，其不同之处是X6125卧式铣床增加了横梁、吊架和转台。

卧式铣床横梁的主要作用是安装吊架，而吊架用来支撑刀轴外端，增加刀轴刚度，它可以沿着床身顶部的导轨移动，以便于安装不同长度的刀轴。

有无转台是万能铣床与其它铣床的主要区别。转台可以使纵向工作台在水平面内扳动一定的角度。

7.3 铣刀及其安装

7.3.1 铣刀的类型

铣刀是一种多刃刀具，每个刀刃在每转中只参加一次切削。铣刀的种类很多，按照装夹方法分为带柄铣刀和带孔铣刀。

带柄铣刀分为直柄和锥柄两种形式，它们多用于立式铣床加工。常用的带柄铣刀有镶齿端铣刀、立铣刀、键槽铣刀、T形槽铣刀和燕尾槽铣刀，如图7-4所示。

图7-4(a)为镶齿端铣刀，在刀体上镶有许多硬质合金刀片，主要用于大平面的铣削加工，生产效率高；图7-4(b)为立铣刀，主要用于加工小平面、台阶和沟槽；图7-4(c)为键槽铣刀，主要用于加工封闭式和半封闭式键槽；图7-4(d)为T形槽铣刀，专门用于T形槽的加工；图7-4(e)为燕尾槽铣刀，是燕尾槽的专用铣削刀具。

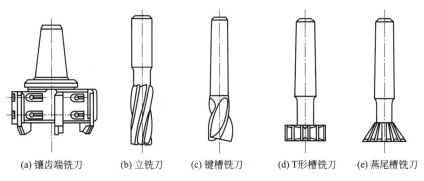

(a) 镶齿端铣刀   (b) 立铣刀   (c) 键槽铣刀   (d) T形槽铣刀   (e) 燕尾槽铣刀

图7-4 带柄铣刀

带孔铣刀多用于卧式铣床加工，常用的带孔铣刀有圆柱铣刀、三面刃铣刀、锯片铣刀、模数铣刀、单角铣刀、双角铣刀、凹圆弧铣刀和凸圆弧铣刀，如图7-5所示。

图7-5(a)为圆柱铣刀，主要用于中小平面的铣削；图7-5(b)是三面刃铣刀，用于小台阶面、直槽和圆柱形工件的小侧面铣削；图7-5(c)为锯片铣刀，用于铣削窄缝和工件切断；图7-5(d)为模数铣刀，用于齿轮齿形的加工；图7-5(e)为单角铣刀，(f)为双角铣刀，均用于加工各种角度槽和斜面；图7-5(g)、(h)分别为凹圆弧铣刀和凸圆弧铣刀，各用于凹圆弧和凸圆弧的铣削。

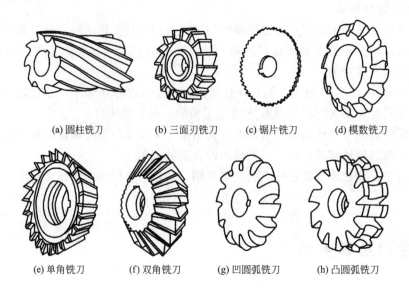

(a) 圆柱铣刀　　　(b) 三面刃铣刀　　　(c) 锯片铣刀　　　(d) 模数铣刀

(e) 单角铣刀　　　(f) 双角铣刀　　　(g) 凹圆弧铣刀　　　(h) 凸圆弧铣刀

图 7-5　带孔铣刀

7.3.2　铣刀的安装

（1）带柄铣刀的安装

直柄铣刀要通过弹簧夹头安装。松开弹簧夹头螺母，将铣刀的直柄放入其孔中，拧紧螺母以夹紧铣刀，再将弹簧夹头装入主轴锥孔，如图 7-6(a) 所示。直柄铣刀应根据其直径大小选择适当孔径的弹簧夹头。

锥柄铣刀要根据锥柄尺寸的大小选择适当的过渡锥套，通过拉杆将铣刀和过渡锥套拉紧在主轴锥孔中。如果锥柄尺寸与主轴锥孔尺寸相同，则可以将铣刀锥柄直接安装在主轴锥孔，如图 7-6(b) 所示。

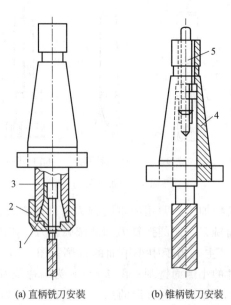

(a) 直柄铣刀安装　　　(b) 锥柄铣刀安装

图 7-6　带柄铣刀的安装

1—弹簧套；2—螺母；3—夹头体；4—变锥套；5—拉杆

（2）带孔铣刀的安装

盘形带孔铣刀安装在铣刀刀杆上，刀杆的一端为椎体，装入铣床主轴锥孔中，并用拉杆螺栓穿过主轴孔将刀杆拉紧，刀杆的另一端安装在横梁的吊架上，如图7-7所示。套筒用于调节铣刀在刀杆上的位置，铣刀安装时应尽量靠近支撑端，以减小加工时的振动和刀杆变形。

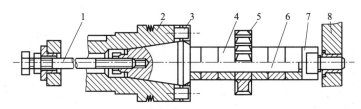

图 7-7 带孔铣刀的安装

1—拉杆；2—主轴；3—端面键；4—套筒；5—铣刀；6—刀杆；7—螺母；8—吊架

7.4 铣床附件与工件安装

常用的铣床附件主要包括平口钳、压板螺栓、万能铣头、圆形工作台和万能分度头。

7.4.1 平口钳

平口钳经常用于小型工件的安装。使用时先把平口钳钳口找正并固定在铣床工作台上，然后进行工件安装，如图7-8所示。用平口钳安装工件时要注意如下几点。

ⅰ.工件的待加工面必须高于钳口，否则可用平行垫铁垫高工件。

ⅱ.工件基准面要与固定钳口贴紧，防止铣削时工件松动。

ⅲ.为保护工件的已加工面，工件安装时往往在钳口处垫上薄铜皮。

ⅳ.对于刚度不足的工件，安装时在其内部增加支撑，避免因夹紧力的作用导致工件变形。

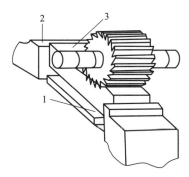

图 7-8 平口钳安装工件

1—垫板；2—平口钳；3—工件

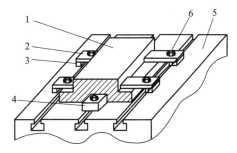

图 7-9 压板螺栓安装工件

1—工件；2—压板；3—垫铁；4—挡铁；

5—工作台；6—压紧螺栓

7.4.2 压板螺栓

对于大型零件，可以使用压板螺栓直接装夹在铣床工作台上，如图7-9所示。装夹工件时压板的位置要安排得当，压紧点尽量靠近切削部位，夹紧力要合适。装夹薄壁工件时，可在工件的空心位置增加辅助支撑，防止工件因夹紧力过大而产生变形。

7.4.3 万能铣头

在卧式铣床上安装万能铣头，可以在工件的一次装夹中，完成工件任意角度的铣削，大大增加铣床的工作范围。万能铣头的底座用螺栓固定在铣床的导轨上，铣头的主轴可以在相互垂直的两个平面内旋转，如图7-10所示。

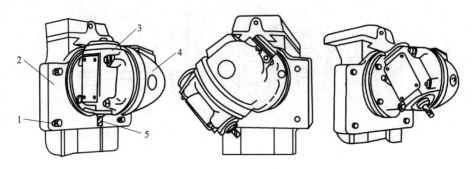

图 7-10　万能铣头
1—螺栓；2—底座；3、4—壳体；5—铣刀

7.4.4 圆形工作台

圆形工作台一般用于零件的分度工作和圆弧面的加工，其内部有一套蜗轮蜗杆系统。手轮与蜗杆同轴连接，蜗轮与转台连接。转台周围有刻度，用于观察和确定转台位置，如图7-11所示。

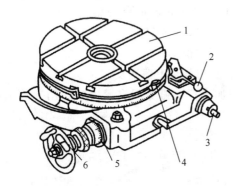

图 7-11　圆形工作台
1—回转台；2—离合器手柄；3—传动轴；
4—挡铁；5—偏心轮；6—手轮

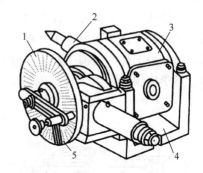

图 7-12　万能分度头
1—分度盘；2—主轴；3—旋转体；
4—底座；5—扇形叉

铣削圆弧槽时，工件可用平口钳、压板螺栓或卡盘安装在圆形工作台上。转台中央的孔可以装夹心轴，用于找正和确定工件的回转中心。

7.4.5 万能分度头

万能分度头由底座、扇形叉、分度盘、主轴和旋转体组成，如图7-12所示。利用分度头可把工件的圆周作任意角度的分度，以便进行铣削四方、六方、齿轮及花键键槽等操作。

（1）分度原理

分度头的传动系统如图7-13所示，其中蜗轮与蜗杆的传动比为1：40。也就是说，分度手柄通过一对1：1的直齿轮传动时，手柄转一圈，单头蜗杆也转一圈，相应的使蜗轮带动主轴转1/40圈。若已知工件在整个圆周上等分数目为Z，则每一次等分时，分度手柄所转

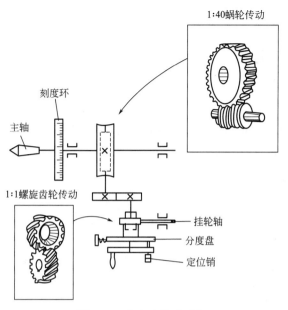

图 7-13 分度头传动系统

过的圈数 n 由比例关系式(7-1) 确定：

$$1：40 = \frac{1}{Z}：n \quad 即 \quad n = \frac{40}{Z} \tag{7-1}$$

式中 n——手柄转数；

　　Z——工件等分数。

（2）分度方法

利用分度头进行分度的方法很多，这里只介绍最常用的简单分度法。简单分度法的计算公式是 $n=40/Z$。例如铣削齿数为 36 的齿轮，每铣一齿后分度手柄需要转的圈数为：

$$n = \frac{40}{Z} = \frac{40}{36} = 1\frac{1}{9}(圈) \tag{7-2}$$

根据式(7-2)计算，每分一个齿，手柄需要转过一整圈又 1/9 圈，其中 1/9 圈通过分度盘来实现。

分度头一般备有两块分度盘，每块分度盘的两面各有许多等距的圆孔，各圈的孔数不相等，如图 7-14 所示。

其中一块分度盘正面各圈孔数为：24、25、28、30、34、37；反面各圈孔数为：38、39、41、42、43。

另一块分度盘正面各圈孔数为：46、47、49、51、53、54；反面各圈孔数为：57、58、59、62、66。

以齿数为 36 的齿轮的分度为例，其分度操作步骤如下：

ⅰ. 根据简单分度法的计算公式 $n=40/Z$，计算每次分度手柄需要转过的圈数，然后调整定位销的位置，使其移动到孔数为 9 的倍数的孔圈（54 孔）上。

ⅱ. 将分度手柄上的定位销拔出，将手柄转过一圈后，

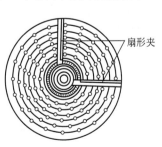

图 7-14 分度盘

借助扇形叉将定位销沿 54 孔的孔圈转过 6 个孔间距后定位即可。

7.5 铣削基本工作

7.5.1 铣平面

铣削中的平面分为水平面和垂直面，其加工方法如图 7-15 所示。使用圆柱铣刀、端铣刀和立铣刀都可以方便地进行平面铣削。

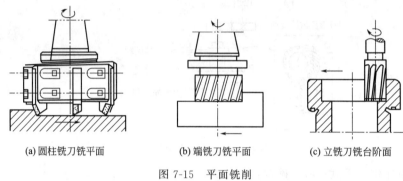

(a) 圆柱铣刀铣平面　　　(b) 端铣刀铣平面　　　(c) 立铣刀铣台阶面

图 7-15　平面铣削

7.5.2 铣斜面

斜面的铣削常用以下几种方法。

（1）使用斜铁铣斜面

在工件基准表面下垫一块倾斜角与工件相同角度的斜铁，即可铣出所需斜面，如图 7-16（a）所示。改变斜铁的倾斜角度，可铣出不同角度的斜面。该方法多用于平口钳装夹工件的情况。

（2）使用万能铣头铣斜面

利用万能铣头能在空间偏转任意角度，通过扳转铣头使刀具相对工件倾斜一个角度的方法，即可加工出不同角度的斜面，如图 7-16（b）所示。

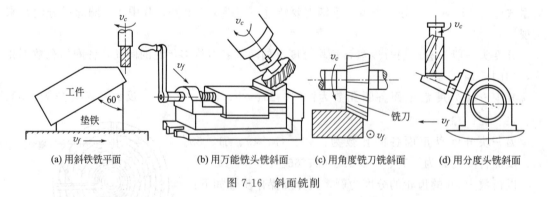

(a) 用斜铁铣平面　　(b) 用万能铣头铣斜面　　(c) 用角度铣刀铣斜面　　(d) 用分度头铣斜面

图 7-16　斜面铣削

（3）使用角度铣刀铣斜面

对于宽度较小的斜面，可用与工件角度相适应的角度铣刀进行铣削，如图 7-16（c）所示。

（4）使用分度头铣斜面

在一些适宜用卡盘装夹的工件上加工斜面时，可利用分度头装夹工件，将其主轴扳转一定角度后便可铣出所需斜面，如图 7-16(d) 所示。

7.5.3　铣沟槽

在铣床上利用不同的铣刀可以加工直角槽、V 形槽、燕尾槽、T 形槽、键槽等，如图 7-17 所示。

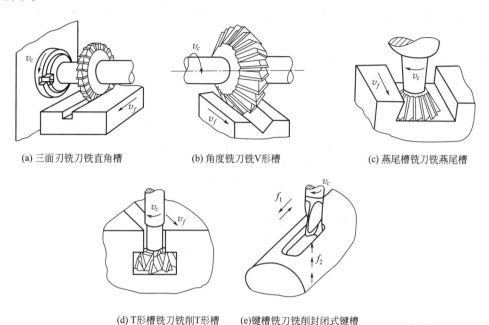

(a) 三面刃铣刀铣直角槽　　　(b) 角度铣刀铣V形槽　　　(c) 燕尾槽铣刀铣燕尾槽

(d) T形槽铣刀铣削T形槽　　(e)键槽铣刀铣削封闭式键槽

图 7-17　沟槽铣削

若用立铣刀进行加工，由于铣刀端部无切削刃，不能向下进刀，因此加工前必须在工件要加工的部位提前钻一个落刀孔。

7.5.4　铣齿轮

齿轮种类很多，常见的有圆柱齿轮、斜齿轮、螺旋齿轮、锥齿轮等。其加工方法一类是成型法，如铣齿；另一类是展成法，如插齿和滚齿。

铣齿所用的成型铣刀称为模数铣刀，用于卧式铣床的是盘状模数铣刀，用于立式铣床的是指状模数铣刀，如图 7-18 所示。

齿轮齿槽的形状与模数和齿数有关，因此要加工出准确的齿形，必须对一种模数和一种齿数的齿轮制造一把特定的铣刀。为便于刀具的制造，一般把铣削模数相同而齿数不同的齿

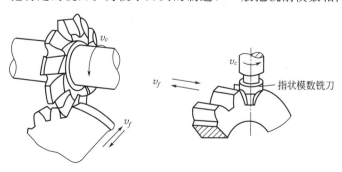

图 7-18　模数铣刀铣齿轮

轮所用的铣刀制成8把，分为8个刀号，每号铣刀加工一定齿数范围的齿轮，见表7-1。

表7-1 模数铣刀的刀号和加工的齿数范围

刀号	1	2	3	4	5	6	7	8
齿数	12～13	14～16	17～20	25	26～34	35～54	55～134	135以上

铣削齿轮时，首先选择模数相同、刀号正确的模数铣刀，然后将工件正确装夹，打开冷却液进行加工。每铣完一个齿槽，利用分度头分度，铣削下一个齿槽，直至加工完成。

在卧式铣床上铣削直齿圆柱齿轮的方法如图7-19所示。

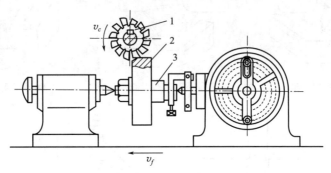

图7-19 在卧式铣床上铣削直齿圆柱齿轮
1—齿轮铣刀；2—齿轮坯；3—圆柱心轴

7.6 铣削加工安全技术条例

ⅰ. 工作时应穿紧身工作服，扎紧袖口。女同学的长发要盘入工作帽内，严禁穿高跟鞋、拖鞋、短裤进入工作现场，不得戴手套操作机床。

ⅱ. 多人使用一台机床时，一个人操作的同时，其他人不得操作。严禁两人或多人同时操作机床。

ⅲ. 工件、刀具、夹具等应装夹牢固可靠，开动机床前必须检查手柄位置是否正确，检查旋转部分与机床、工件、夹具等有无接触。

ⅳ. 加工过程中操作者不得擅离岗位，工件未完全停止转动之前，不得测量工件和用手触摸工件，不得用手直接清理切屑。

ⅴ. 铣床开动后严禁变换速度。如需要变速，必须停车待铣床完全停止转动后再进行。

ⅵ. 工件加工完毕，严禁立刻触摸工件和刀具，以防烫伤。

ⅶ. 工件加工结束后，关闭铣床电源。下班之前清理切屑、清洁车床、加油润滑保养，整理工具、量具、刀具及其它辅具，保持环境清洁。

8 刨削加工

8.1 刨削加工概述

在刨床上用刨刀对工件进行的切削加工称为刨削加工。刨削时的主运动为滑枕带动刀具的直线往复运动，进给运动是工件的间歇运动。刨削主要用来加工水平面、垂直面、斜面、台阶、燕尾槽、直角沟槽、V 形槽等。常用的刨削类机床有牛头刨床、龙门刨床、插床等。

刨削的加工特点有以下几点。

① 适应性较好　刨床和刀具结构简单，是平面加工普遍使用的机床之一。

② 加工精度较低　按照加工情况分类如下。

ⅰ. 粗刨：加工精度 IT12～IT11；表面粗糙度 Ra 为 25～12.5μm；

ⅱ. 半精刨：加工精度 IT10～IT9；表面粗糙度 Ra 为 6.3～3.2μm；

ⅲ. 精刨：加工精度 IT8～IT7；表面粗糙度 Ra 为 3.2～1.6μm。

③ 生产效率较低　刨削的主运动是直线往复运动，返程不切削，增加了辅助时间。但用于狭长表面加工时，刨削的生产效率可高于铣削。

8.2 刨床

8.2.1 牛头刨床

牛头刨床是刨削类机床中应用较广的一种，体积较小，刀架上进给手柄形似牛的独角。主要用于加工中小型工件，刨削长度一般不超过 1000mm。牛头刨床刨削工件时，刨刀的直线往复运动为主运动，刨刀回程时工作台（工件）作横向水平或垂直移动为进给运动。

（1）B6050 型牛头刨床的结构

图 8-1 为 B6050 型牛头刨床，编号 B6050 中，B 是"刨床"拼音的第一个字母；6 为牛头刨床的组别代号；0 为牛头刨床的系列代号；50 为最大刨削长度的 1/10，即最大刨削长度为 500mm。

牛头刨主要由床身、滑枕、刀架、工作台、横梁和底座等部分组成。

① 床身　床身用来支撑刨床各部件。其顶面有燕尾形导轨供滑枕做往复运动使用，垂直面导轨供横梁带动工作台升降用。床身内部有传动机构。

② 滑枕　主要用来带动刨刀做直线往复运动（即主运动）。其前端装有刀架。滑枕往复运动速度的快慢、行程和位置均可根据加工位置进行调整。

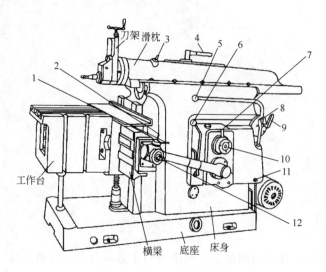

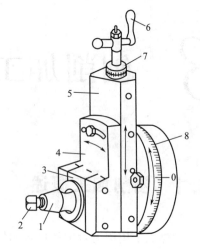

图 8-1 B6050 型牛头刨床

1—进给换向手柄；2—工作台横、垂向进给选择手柄；3—滑枕位置
调整方榫；4—滑枕锁紧手柄；5—离合操纵手柄；6—工作台快
动手柄；7—进给量调整手柄；8、9—变速手柄；10—行程
长度调整方榫；11—变速到位方榫；12—工作台手动方榫

图 8-2 牛头刨床刀架

1—紧固螺钉；2—刀夹；3—抬刀板；
4—刀座；5—滑板；6—手柄；
7—刻度盘；8—转盘

③ 刀架　刀架用来夹持刨刀，其结构如图 8-2 所示。摇动刀架手柄时，滑板便可沿转盘上的导轨带动刨刀作上下移动。松开转盘上的螺母，将转盘扳转一定的角度后，就可使刀架斜向进给。刀座装在滑板上，在返回行程时，抬刀板可以绕刀座的 A 轴向上抬起，以减少刨刀与工件的摩擦。

④ 工作台　工作台用来安装工件。它可随横梁上下调整，并可沿横梁水平方向移动，实现间歇进给运动。主要用于支撑床身，并通过地脚螺栓与地基相连。

⑤ 横梁　横梁安装在床身前面的垂直导轨上，上底部装有升降横梁用的丝杠。

⑥ 底座　用于支承床身和工作台，并与地基相连接。

（2）B6050 型牛头刨床运动的调整

① 主运动的调整　B6050 型牛头刨床主运动的调整包括滑枕行程长度、滑枕起始位置、滑枕运动速度的调整。

滑枕行程长度通过调整行程长度调整方榫 10 上的螺母，用摇把转动行程长度调整方榫 10 进行。顺时针转动行程变长，反之则变短。

滑枕起始位置通过松开滑枕锁紧手柄 4，用摇把转动滑枕位置调整方榫 3 进行。顺时针转动起始位置前移，反之则后移。

滑枕运动速度通过推拉变速手柄 8、9 进行，可以获得 15～158str/min 共 9 种不同的速度。

② 进给运动的调整　进给运动的调整包括进给量调整和进给方向调整。

拉动离合器操纵手柄 5 开动机床，顺时针转动进给量调整手柄 7，进给量变大，逆时针则变小。

手摇工作台手动方榫 12 时，进给换向手柄 1 放在中间位置。要求工作台自动进给时，顺时针扳动进给换向手柄 1，工作台右移。而逆时针扳动进给换向手柄 1，则工作台左移。

8.2.2 龙门刨床

龙门刨床因有一个"龙门"式框架结构而得名。主要用于加工大型零件上的大平面或长而窄的平面，也常用于同时加工多个中小型零件的平面。图 8-3 为 B2010A 龙门刨床。在编号 B2010A 中，B 表示刨床类；20 表示龙门刨床；10 表示最大刨削宽度的 1/100，即最大刨削宽度为 1000mm；A 表示机床机构经过一次重大改进。

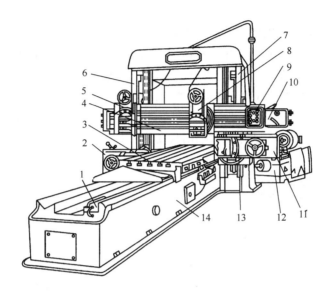

图 8-3　B2010A 龙门刨床

1—液压安全器；2—左侧刀架进刀箱；3—工作台；4—横梁；5—左垂直刀架；6—左立柱；7—右立柱；8—右垂直刀架；9—悬挂按钮盒；10—垂直刀架进刀箱；11—右侧刀架进刀箱；12—工作台减速箱；13—右侧刀架；14—床身

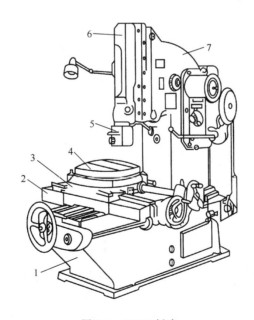

图 8-4　B5020 插床

1—底座；2—下托板；3—上托板；4—圆工作台；5—刀架；6—滑枕；7—床身

与牛头刨床不同，龙门刨床的主运动为工件的往复直线运动，进给运动为刨刀的间歇运动。刨削时，安装在工作台上的工件做主运动，横梁上的刀架可沿横梁导轨水平间歇移动，以刨削工件的水平面。在立柱上的侧刀架可沿立柱导轨垂直间歇移动，以刨削工件的垂直面。刀架还能绕转盘转动一定角度刨削斜面。横梁还可沿立柱导轨上下升降，以调整刀具与工件的相对位置。刨削时要调整好横梁的位置和工作台的行程长度。

8.2.3 插床

插床实际上是一种立式刨床，它的机构原理与牛头刨床类似，只是结构形式上不同。插床的滑枕带动刀具在垂直方向上下往复移动为主运动。工作台由下拖板、上拖板及圆工作台三部分组成。下拖板可作横向进给，上拖板可作纵向进给，圆工作台带动工件回转。

插床的主要用途是加工工件内部表面，如方孔、长方孔、多种多边形孔和孔内键槽等。插削生产效率低，多用于工具车间、机修车间和单件、小批量生产中。图8-4为B5020插床。B表示刨床类；50表示插床；20表示最大插削长度的1/10，即最大插削长度为200mm。

8.3 刨刀及其安装

8.3.1 刨刀

刨刀的结构和几何形状与车刀相似。但由于刨削加工的不连续性，刨刀切入工件时承受较大的冲击力，所以刨刀的截面通常要比车刀大。根据刀杆的形状不同，刨刀可以分为直杆刨刀和弯头刨刀，如图8-5所示。为了避免刨刀扎入工件，刨刀的刀杆常做成弯头状。

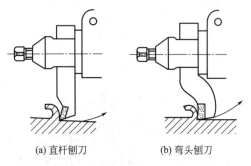

(a) 直杆刨刀　　　　　(b) 弯头刨刀

图8-5　直杆刨刀和弯头刨刀

刨刀的种类很多，其中平面刨刀用来刨平面；偏刀用来刨垂直面或斜面；角度偏刀用来刨燕尾槽和角度；弯切刀用来刨T形槽及侧面槽；切刀及割槽刀用来切断工件或刨沟槽。还有成型刀，用来刨削特殊形状表面。常用刨刀及其应用如图8-6所示。

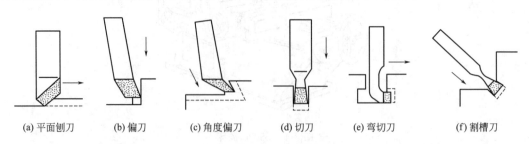

(a) 平面刨刀　　(b) 偏刀　　(c) 角度偏刀　　(d) 切刀　　(e) 弯切刀　　(f) 割槽刀

图8-6　常用刨刀形状及应用

8.3.2 刨刀的安装

装夹刨刀时刀头不宜伸出过长，否则会产生振动。直头刨刀的刀头伸出长度为刀杆厚度的1.5倍，弯头刀的伸出量可长些。装刀和卸刀时，必须一手扶刀，一手用扳手夹紧或放松。无论装或卸，扳手的施力方向均需向下。

8.4 工件的安装

一般根据工件的形状和尺寸选择合适的安装方法。小型工件通常用平口钳安装，尺寸较大或形状特殊的工件，可根据实际情况采用不同的装夹工具进行安装。

8.4.1 平口钳安装

平口钳是一种通用夹具，适用于安装小型工件，使用方便。平口钳固定在刨床的工作台上，装夹时，先找正工件位置，然后夹紧。常用的装夹方法见图8-7所示。

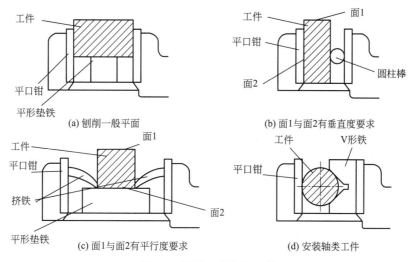

(a) 刨削一般平面　　　　　　(b) 面1与面2有垂直度要求

(c) 面1与面2有平行度要求　　　(d) 安装轴类工件

图8-7　用平口钳安装工件

8.4.2 在工作台上安装

对于较大或形状特殊的工件可直接装夹在工作台上，用压板压紧工件，如图8-8所示。如果工件上需要加工的两相邻表面互相垂直，可用角铁装夹工件，如图8-9所示。轴类工件可装夹在V形铁上，如图8-10所示。

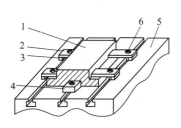

图8-8　在工作台上安装工件

1—工件；2—压板；3—垫铁；

4—挡铁；5—工作台；

6—压紧螺栓

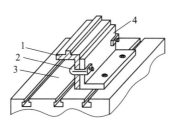

图8-9　用角铁装夹工件

1—工件；2—C形夹；

3—工作台；4—角铁

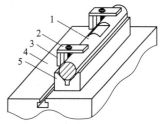

图8-10　用V形铁装夹工件

1—工件；2—压板；3—垫铁；

4—工作台；5—V形铁

8.4.3 专用夹具安装工件

根据工件的结构和形状，制造专用夹具来安装工件是一种比较完善的装夹方法。它既可以保证加工的精度，又可以安装迅速，唯一的缺点就是需要预先制造专用夹具，多用于成批生产。

8.5 刨削基本工作

8.5.1 刨削水平面

刨削水平面的顺序一般如下。

ⅰ. 安装工件；

ⅱ. 安装刀具；

ⅲ. 把工作台升降到合适的位置，使工件接近刀具；

ⅳ. 调整滑枕行程长度及起始位置；

ⅴ. 调整滑枕往复频率；

ⅵ. 调整工作台横向进给量；

ⅶ. 开车试切，停车测量尺寸，并利用刀架上的刻度盘调整切削深度。如果工件加工余量大，可分几次刨削。

当加工表面质量要求较高时，粗刨后还要进行精刨。在牛头刨上加工工件的切削用量一般为：切削速度 0.2～0.8m/s；进给量 0.33～1mm/str；切削深度 0.2～2mm。

8.5.2 刨削垂直面和斜面

刨削垂直面用偏刀，采用刀架垂直进给来加工平面。主要用于加工狭长工件的两端面或者不能在水平位置加工的平面。加工时，将刀架转盘的刻线对准零线，以便刨刀能沿垂直方向移动。刀座上端应偏离加工面 10°～15°，以便返回行程时减少刨刀与工件的摩擦，刀具采用偏刀，如图 8-11 所示。

刨削斜面的方法与刨削垂直面基本相同，只是刀架转盘扳转一定角度，使刨刀沿斜面方向移动，如图 8-12 所示。

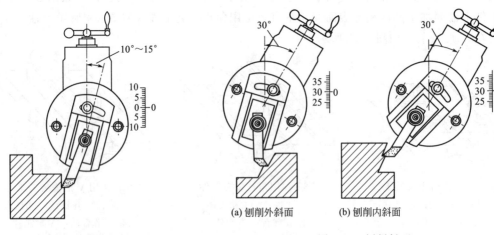

(a) 刨削外斜面　　　(b) 刨削内斜面

图 8-11　刨削垂直面　　　　　　　　图 8-12　刨削斜面

8.5.3 刨削沟槽

刨削直槽时，用切槽刀垂直进给，完成刨削，如图 8-13 所示。

刨削燕尾槽的方法是刨直槽和刨内斜面的综合，但需要专门刨燕尾槽的左右偏刀，如图 8-14 所示。

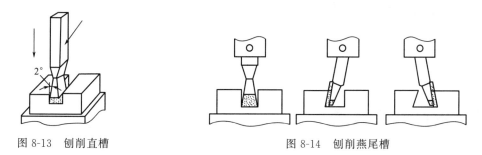

图 8-13 刨削直槽   图 8-14 刨削燕尾槽

刨削 T 形槽前要在工件上平面和端面划出加工线，先刨出直槽，再用左、右两把弯刨刀分别刨出两侧凹槽，最后用 45°刨刀完成槽口倒角，如图 8-15 所示。

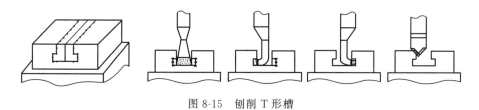

图 8-15 刨削 T 形槽

8.6 刨削加工安全技术条例

ⅰ. 工作时应穿紧身工作服，扎紧袖口。女同学的长发要盘入工作帽内，严禁穿高跟鞋、拖鞋、短裤进入工作现场，严禁戴手套操作机床。

ⅱ. 多人使用一台刨床时，只允许一人独立操作。严禁两人或多人同时操作刨床。

ⅲ. 工件、刀具、夹具等应装夹牢固可靠，否则会发生工件松动或滑出，使刀具损坏或折断，甚至造成设备事故和人身伤害事故。

ⅳ. 刨削过程中操作者不得擅离岗位。开动机床前，滑枕前严禁站人。工作中操作者头、手不要伸到滑枕前检查，刨刀停止运动前，不得测量工件和用手触摸工件，不得用手直接清理切屑。

ⅴ. 清扫切屑只允许用毛刷，禁止用嘴吹。

ⅵ. 工件加工完毕，严禁立刻触摸工件和刀具，以防烫伤。

ⅶ. 工件加工结束后，关闭刨床电源。下班之前清理切屑、清洁车床、加油润滑保养，整理工具、量具、刀具及其它辅具，保持环境清洁。

9 磨削加工

9.1 磨削加工概述

磨削加工是指利用磨具对工件表面进行切削加工的方法，主要用于零件的精加工，其尺寸精度可达 IT6～IT5，表面粗糙度 Ra 值可达 $0.8～0.2\mu m$。

磨削能加工的表面有平面、内外圆柱面、内外圆锥面、齿轮、螺纹和花键等，如图 9-1 所示。磨削可以加工铸铁、碳素钢、合金钢、硬质合金及陶瓷等材料。

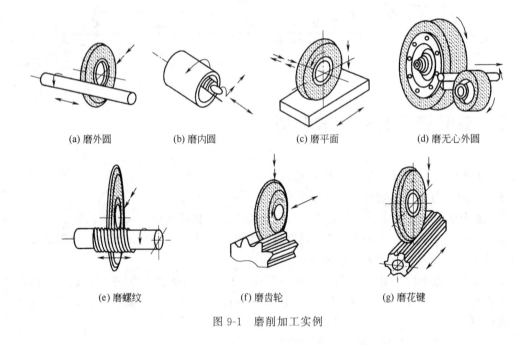

(a) 磨外圆   (b) 磨内圆   (c) 磨平面   (d) 磨无心外圆

(e) 磨螺纹   (f) 磨齿轮   (g) 磨花键

图 9-1　磨削加工实例

9.2 磨床

根据不同的用途，磨床可分为外圆磨床、内圆磨床、平面磨床、无心磨床、齿轮磨床和螺纹磨床等。下面主要介绍平面磨床和外圆磨床。

9.2.1 平面磨床

如图 9-2 所示为 M7120D 平面磨床。主要由床身、工作台、立柱、磨头、砂轮修整器和

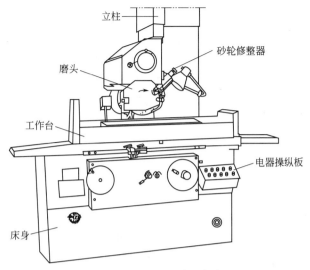

图 9-2 M7120D 平面磨床

电器操纵面板组成。工作台由液压缸驱动,作自动往复直线运动,也可用手轮操纵,作手动纵向进给或调整。工作台上装有电磁吸盘或其它夹具,用于工件的装夹。

磨头上安装的砂轮旋转为主运动,它由液压缸驱动或通过手轮转动实现横向进给,沿滑板的水平导轨作横向进给运动。摇动垂直进给手轮,可调整磨头在立柱垂直高度上的位置,并可完成垂直方向的进给运动。

9.2.2 外圆磨床

外圆磨床分为普通外圆磨床和万能外圆磨床。二者的主要区别是:普通外圆磨床用于磨削外圆柱面、外圆锥面、台肩端面。而万能外圆磨床由于增加了内圆磨头,并且砂轮架和工件头架上都安装有转盘,能绕铅垂轴扳转一定的角度。因此万能外圆磨床在具备普通外圆磨床功能的基础上,增加了可磨削内圆柱面和内锥面的功能。

图 9-3 所示为 MW1420 万能外圆磨床,主要由床身、工作台、工作头架、砂轮修整器、砂轮架、尾座和电器操纵板构成,其最大磨削直径为 200mm。

外圆磨床的启动应按下列顺序进行操作:

ⅰ.接通机床电源;

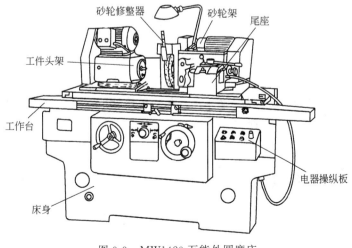

图 9-3 MW1420 万能外圆磨床

ⅱ．检查工件装夹是否可靠；

ⅲ．开动液压油泵；

ⅳ．开动工作台进行往复运动；

ⅴ．引进砂轮，同时启动工件转动和切削液泵；

ⅵ．启动砂轮转动。

外圆磨床停车时按相反顺序进行。

9.3　砂轮

9.3.1　砂轮的类型及形状

砂轮是磨削加工所用的刀具，它是由细小而坚硬的磨粒用黏合剂粘接而成的多孔物体，其特性由磨料、粒度、硬度、组织、结合剂形态等因素决定。

磨料是砂轮的主要成分，承担切削任务，应具有高硬度、耐热性和一定的韧性。常用的磨料有刚玉和碳化硅两大类。在磨削加工中，刚玉类砂轮适用于韧性材料，如碳钢和一般刀具。碳化硅类砂轮适用于脆性材料，如铸铁、青铜和硬质合金刀具。

磨料颗粒的大小，直接影响加工效率和工件磨削质量。粗磨或磨削软金属用，用粗砂轮；精磨或磨削硬金属时用细砂轮。

砂轮的硬度是指砂轮表面的磨粒在磨削力作用下从砂轮表面脱落的难易程度，而非指磨料的硬度。砂粒粘接越牢，说明砂轮的硬度越高。用同一种磨粒可以做成多种不同硬度的砂轮。

为适应不同表面形状与尺寸的加工，砂轮制成各种形状和尺寸，如图 9-4 所示，其中平形砂轮用于普通平面、外圆和内圆的磨削加工。

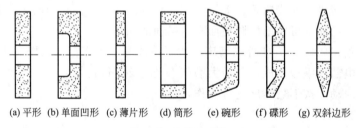

(a) 平形　(b) 单面凹形　(c) 薄片形　(d) 筒形　(e) 碗形　(f) 碟形　(g) 双斜边形

图 9-4　砂轮的形状

9.3.2　砂轮的检查

砂轮在安装前要用敲击听声音的方法检查砂轮是否存在裂纹，防止砂轮工作时破裂。同时还要对砂轮进行静平衡调整，保证砂轮平衡工作。

砂轮工作一定时间后，会出现磨粒钝化、孔隙被堵塞的现象，这时利用磨床上的砂轮修整器进行修整，恢复砂轮的切削能力。

9.4　磨削基本操作

9.4.1　平面磨削

平面磨削操作有两种方法：一是在卧轴台式平面磨床上用砂轮的周面进行磨削，称为周磨法，如图9-5（a）所示；另一种是在立轴圆台式平面磨床上用砂轮的端面进行磨削，称为端磨法，如图9-5（b）所示。

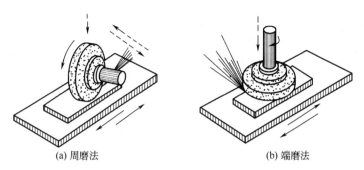

(a) 周磨法　　　　　　　　　　(b) 端磨法

图 9-5　平面磨削

平面磨削步骤如下：

ⅰ. 接通机床电源；

ⅱ. 将工件放置在电磁工作台或夹具上，通电使工件或夹具吸牢；

ⅲ. 开动液压油泵；

ⅳ. 调整工作台的纵向行程，保证磨削时砂轮能超出工件适当的距离；

ⅴ. 启动砂轮的旋转运动，在低速挡位下使砂轮慢慢垂直靠近工件表面，并有轻微接触；

ⅵ. 启动切削液泵；

ⅶ. 调整磨削深度，选择纵向进给速度和横向进给速度，开始粗磨；

ⅷ. 根据工件尺寸调整磨削用量，直到符合尺寸设计要求；

ⅸ. 关闭切削液泵、液压油泵，断开电磁工作台电源，最后关闭机床电源。

9.4.2　外圆磨削

外圆磨削一般在外圆磨床上进行。对于两端有中心孔的轴类工件一般采用双顶尖装夹，短工件用卡盘装夹，空心盘套类工件用心轴装夹，如图9-6、图9-7所示。

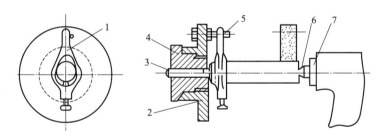

图 9-6　双顶尖装夹工件

1—夹头；2—拨盘；3—前顶尖；4—头架主轴；5—拨杆；6—后顶尖；7—尾架套筒

常用的外圆磨削方法有纵磨法和横磨法，如图9-8所示。

（1）纵磨法

磨削时，砂轮做高速旋转运动，工件做低速旋转运动并和工作台一起做往复直线运动。每当工件一次往复行程终结时，砂轮做周期性的横向进给。纵向磨削每次的进给量很小，一般为0.005～0.01mm，但可获得较高的加工精度和较小的表面粗糙度值，特别适合细长轴的磨削。

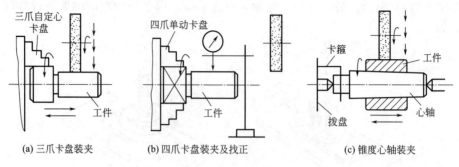

(a) 三爪卡盘装夹   (b) 四爪卡盘装夹及找正   (c) 锥度心轴装夹

图 9-7　用卡盘和心轴装夹工件

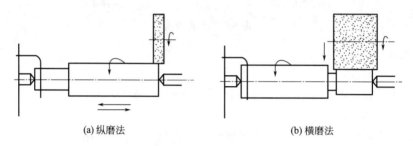

(a) 纵磨法   (b) 横磨法

图 9-8　外圆磨削方法

（2）横磨法

磨削时，工件不纵向移动，砂轮做高速旋转且以慢速向工件做连续的横向进给，直至磨去全部磨削余量。该方法适于磨削长度尺寸较小的外圆表面及两侧都有台阶的轴颈。

外圆磨削方法要根据工件的形状、尺寸、精度要求和工件刚性等因素综合进行选择。

9.4.3　内圆磨削

内圆磨削与外圆磨削基本相同，磨削方法也有纵磨法和横磨法两种，如图 9-9 所示。磨通孔一般用纵磨法，磨台阶孔或盲孔可用横磨法。

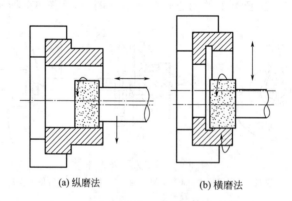

(a) 纵磨法   (b) 横磨法

图 9-9　内圆磨削方法

内圆磨削可在内圆磨床上进行，也可以在万能外圆磨床上进行。

与外圆磨削相比，内圆磨削由于受工件孔径限制，砂轮的直径不可能太大，而砂轮杆的悬伸长度却较长，刚性较差，磨削用量不能提高，所以生产效率较低。又由于砂轮的线速度较低，磨削时孔内的冷却和排屑条件差，所以表面粗糙度值不易降低。

9.4.4 磨削注意事项

ⅰ. 磨削前，砂轮应空转 2min 后再进行磨削。

ⅱ. 加工完毕后砂轮空转 2min 后再关闭砂轮转动电源。

ⅲ. 需要停止磨削时，必须在砂轮退出工件接触后方可停机。

ⅳ. 工件尺寸测量或磨床调整，必须在停机后进行。

9.5 磨削加工安全技术条例

ⅰ. 工作时要穿紧身的工作服，女同学的长发要盘入工作帽内，严禁穿高跟鞋、拖鞋进入工作现场，严禁戴手套操作。

ⅱ. 开车前检查砂轮是否松动，有无裂纹，工件是否吸牢或夹紧，各手柄是否处于正常位置。

ⅲ. 开车后砂轮必须慢慢靠近工件，不准用手触摸砂轮，严禁砂轮退离工件时中途停车。操作者要站在砂轮的侧面位置。

ⅳ. 工件加工完毕，应让砂轮空转 2min 后再关闭砂轮转动电源，且在砂轮完全停止转动前，严禁用手触摸砂轮。

ⅴ. 工作完毕后，应清除磨床上的切削液和磨屑，将工作台及导轨等擦拭干净并涂上黄油。

ⅵ. 多人共用一台磨床时，只能一人进行操作，并注意周围人员的安全。

10 钳工

10.1 钳工概述

10.1.1 钳工工作范围

钳工是以手工工具为主,完成零部件的加工及装配的工作。钳工的基本操作包括:划线、锯削、锉削、錾削、钻孔、扩孔、铰孔、锪孔、攻螺纹、套螺纹、刮削、研磨、装配等。

钳工具有工具简单、操作灵活、劳动强度大、技术水平要求高、生产效率低等特点,在机械制造与设备维修工作中,钳工工作占有重要地位。

10.1.2 钳工常用设备、工具和量具

① 钳工工作台　钳工工作台也称钳台,如图 10-1 所示。其台面上装有台虎钳、防护板,也可以放置平板,抽屉中放置常用工具、量具。

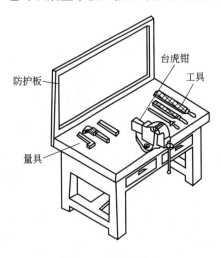

图 10-1　钳工工作台

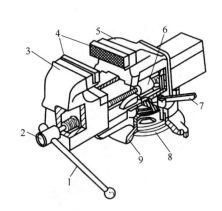

图 10-2　旋转式台虎钳

1—长手柄;2—丝杠;3—活动钳身;4—钳口;
5—固定钳身;6—螺母;7—短手柄;
8—夹紧盘;9—转盘座

② 台虎钳　台虎钳由螺栓固定在钳工工作台上,是钳工夹持工件的主要工具。台虎钳分为固定式和旋转式两种,每种又因钳口尺寸的不同而分为若干个规格。旋转式台虎钳结构如图 10-2 所示。

③ 砂轮机　砂轮机主要用来修磨钻头、錾子、刮刀、划规、划针和样冲等工具。它分为立式和台式两种。如图 10-3 所示为台式砂轮机。

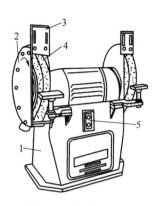

图 10-3　台式砂轮机

1—托架；2—防护罩；3—挡屑板；

4—砂轮；5—电源开关

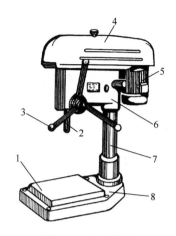

图 10-4　台式钻床

1—工作台；2—主轴；3—进给摇动手柄；4—皮带护罩；

5—电动机；6—主轴箱；7—立柱；8—机座

④ 钻床　钻床是主要用来加工各类圆孔的设备，常用的钻床有台式钻床、立式钻床和摇臂钻床。如图 10-4 所示为台式钻床。

⑤ 工具和量具　钳工操作中所用的工具和量具很多，常用的工具如图 10-5 所示，常用的量具如图 10-6 所示。

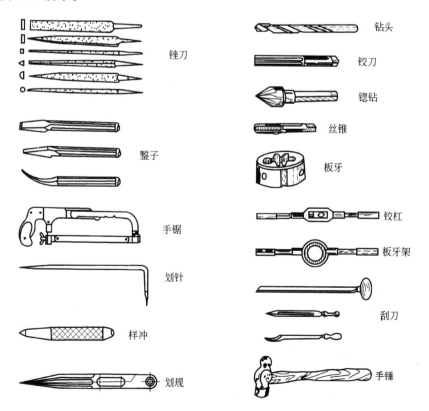

图 10-5　钳工常用工具

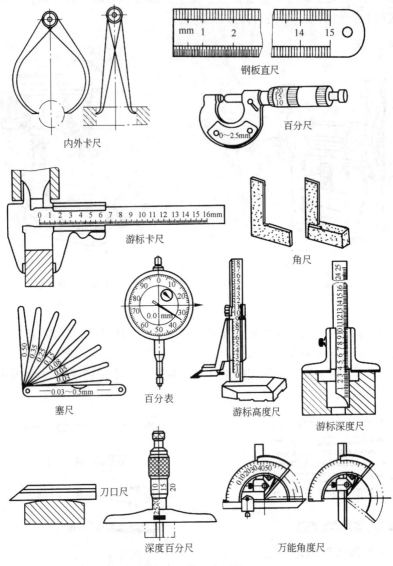

图 10-6　钳工常用量具

10.2　划线

10.2.1　划线的作用和类型

划线是按照图样的尺寸要求，在工件上划出加工界线或找正线的工作。

（1）划线的作用

ⅰ.合理分配各表面的加工余量，明确尺寸的加工界限；

ⅱ.检查毛坯的形状和尺寸是否符合图样要求，避免加工后造成浪费；

ⅲ.在板料上划线下料，可以正确排料，节约材料；

ⅳ.作为工件找正、定位和夹紧的依据。

（2）划线的类型

划线分为平面划线和立体划线。在工件的一个平面上划线称为平面划线，如图 10-7（a）所示。在工件的长、宽、高三个方向上划线称为立体划线，如图 10-7（b）所示。

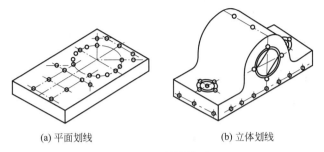

(a) 平面划线   (b) 立体划线

图 10-7　划线类型

10.2.2　划线工具及用途

划线最常用的工具有平板、方箱、V 形铁、千斤顶、划针、划线盘、划规、高度尺、游标高度卡尺、钢直尺、样冲等。

① 平板　平板式划线的基准工具，如图 10-8 所示。它由铸铁制成，上表面平直、光滑，是划线的基准平面。平板要放置在稳固的工作台上，上表面各方向保持水平，不允许磕碰和敲击，为防止生锈可在其表面涂抹机油。

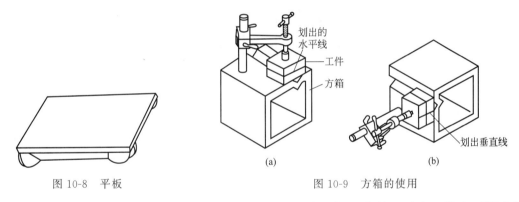

图 10-8　平板

图 10-9　方箱的使用

② 方箱　方箱用于划线时夹持较小的工具，通过在平板上翻转，可在工件表面划出相互垂直的线来，如图 10-9 所示。

③ V 形铁　V 形铁用于外表面为圆柱面的工件支撑，以便划出工件中心线，如图 10-10 所示。

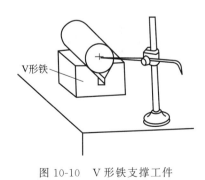

图 10-10　V 形铁支撑工件

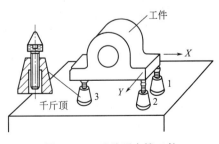

图 10-11　千斤顶支撑工件

④ 千斤顶　千斤顶支撑工件如图 10-11 所示，通常三个为一组，通过调整各千斤顶高度来支撑不规则表面或较大表面的工件，以便找正工件。

⑤ 划针和划线盘　划针是平面划线的工具，是由高速钢制成的细长钢丝装工具，如图 10-12 所示。而划盘是立体划线和找正工件位置的主要工具，划线盘上装有的划针可上下、前后调整，如图 10-13 所示。

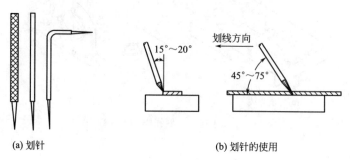

(a) 划针　　　　　　　　　　　　(b) 划针的使用

图 10-12　划针及其应用

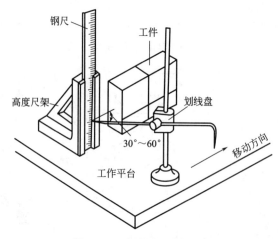

图 10-13　划线盘及其应用

⑥ 划规　划规类似于绘图用的圆规，是用于量取尺寸、划圆周或圆弧、等分线段的工具，如图 10-14 所示。

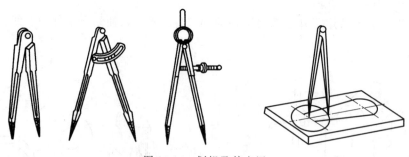

图 10-14　划规及其应用

⑦ 高度尺和高度游标卡尺　高度尺由钢直尺和尺座组成，一般与划线盘配合使用，如图 10-13 所示。

高度游标卡尺是比较精密的量具及划线工具，如图 10-15 所示，它可以用来测量高度，又可以用其量爪直接划线。但一般划线的对象应是半成品，不允许在毛坯上划线。

⑧ 样冲　样冲是在工件已划好线上打出样冲眼，以便在划线模糊后能找到原线位置的工具。在钻孔前，也应该在孔的中心位置打样冲眼，以免钻头下刀时发生位置偏离，如图10-16所示。

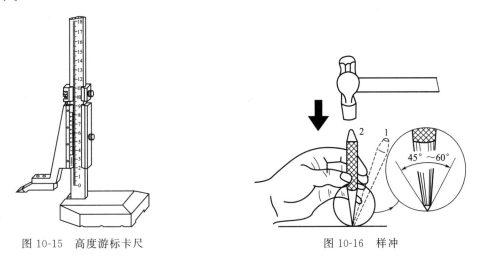

图10-15　高度游标卡尺　　　　　　　图10-16　样冲

10.2.3　划线操作

划线分为平面划线和立体划线。划线的操作步骤如下：

ⅰ．检查并清理工件，在工件表面涂刷涂料；

ⅱ．正确安放工件，选择划线工具，确定划线基准；

ⅲ．划出基准线，然后再划出其它水平线。翻转工件找正后，划出垂直线。最后划出斜线、圆、圆弧及曲线；

ⅳ．根据图样核对所画线尺寸是否正确，最后打样冲眼。

10.3　锯削

锯削是用手锯对工件进行切断或切槽的加工方法。具有工具简单、操作灵活的特点，但其加工精度较低，需要进一步加工。

10.3.1　锯削工具

锯削常用的工具是手锯。手锯由锯弓和锯条组成。锯弓的作用是安装和张紧锯条，分为可调式和固定式两种，如图10-17所示。锯弓的两端都装有夹头，当锯条安装在夹头的固定

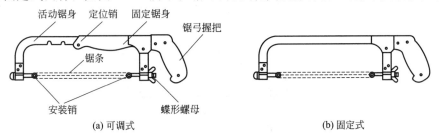

(a) 可调式　　　　　　　　　　　　　(b) 固定式

图10-17　锯弓

销上后，旋紧活动夹头上的蝶形螺母便可以将锯条拉紧。

锯条用碳素工具钢制成，并经热处理淬硬。根据锯条齿距的大小，分为粗齿、中齿、细齿三种。各锯齿间隔左右错开形成锯路，锯路的作用是使锯缝宽度大于锯条厚度，以防止卡锯，并可以顺利排屑。

锯齿粗细的选择应根据材料的硬度、厚度来确定。粗锯齿条适宜锯削铜、铝等软金属及厚工件；细锯齿条适宜锯削钢、板料及薄壁管件；中锯齿条适宜锯削普通钢、铸铁及中厚度工件。

10.3.2 锯削操作

① 工件装夹　工件一般装夹在台虎钳的左侧，以方便操作。割锯线应与钳口垂直，工件伸出部分尽量靠近钳口，以免锯割时产生抖动。工件夹持应当稳固，防止因工件的移动使锯条折断。若钳口所夹工件表面为已加工面，为防止钳口对已加工面的损伤，应在钳口和工件的夹持表面间垫放薄铜皮或铝皮。

② 锯条安装　根据工件材料和锯削厚度选择合适的锯条。安装锯条时，锯齿尖必须朝前，同时安装松紧程度要适当，过紧或过松锯削时都易折断锯条。

③ 起锯　锯条开始切入时称为起锯。起锯的方式有远边起锯和近边起锯，一般用远边起锯。起锯时用左手拇指靠稳锯条，使锯条落在锯削位置上，压力角小于15°，右手稳推锯柄，稍加压力，短行程往复运动。锯出锯口后，锯弓逐渐改变到水平方向，如图 10-18 所示。

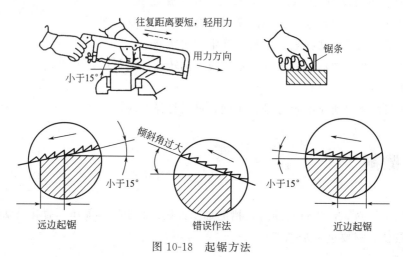

图 10-18　起锯方法

④ 锯削　锯削时，右手握锯柄，左手轻扶锯弓前端，推力和压力由右手控制，如图 10-19 所示。推锯时为切削行程，应施加压力；向后回拉锯时不切削，不加压力。同时应尽量使用锯条全长，以免锯条局部迅速磨损。当工件即将锯断时，用力要轻，以免折断锯条或

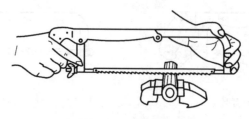

图 10-19　手锯握法

碰伤手臂。

10.4 锉削

锉削是用锉刀对工件表面进行切削的加工方法。锉削可加工平面、曲面、沟槽、内外倒角等，其尺寸精度可达 IT8～IT7，表面粗糙度 Ra 值可达 $1.6～0.8\mu m$。

10.4.1 锉削工具

锉削的工具是锉刀。锉刀用碳素工具钢 T12 或 T13 经热处理后，再将工作部分淬火制成。

① 锉刀的结构　锉刀结构如图 10-20 所示。锉刀的上下两面是锉刀的主要工作面，称为锉面。锉面上经铣齿或剁齿后形成许多小楔形刀头，称为锉齿，锉齿经热处理淬硬后，能锉削硬度高的金属材料。锉齿的齿纹有单齿纹和双齿纹两种。单齿纹锉刀常用来锉削软材料，双齿纹锉刀适应于硬材料的锉削。

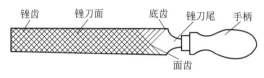

图 10-20　锉刀

② 锉刀的种类　锉刀按用途分为普通锉、整形锉、特种锉三类。

普通锉按照截面形状分为平锉、半圆锉、方锉、三角锉、圆锉五种，如图 10-21 所示。每种锉按其齿纹粗细可分为粗齿、中齿、细齿、粗齿油光锉、细齿油光锉五种。

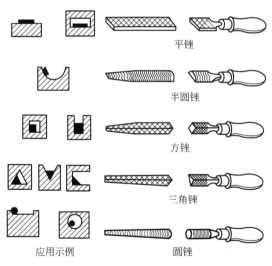

平锉

半圆锉

方锉

三角锉

应用示例　　圆锉

图 10-21　普通锉刀

整形锉又称什锦锉，主要用于修整工件上的细小部分，通常由多把各种端面形状的锉刀组成为一套，如图 10-22 所示。

特种锉是用于锉削工件特殊表面的专用锉刀，有直的也有弯的，其截面形状也很多，如图 10-23 所示。

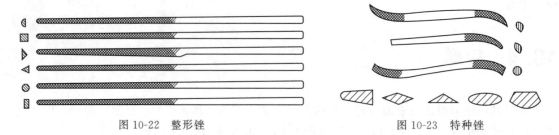

图 10-22　整形锉　　　　　　　　　　　　　　图 10-23　特种锉

10.4.2　锉削操作

① 平面锉削　右手紧握锉刀手柄，左手压在锉刀前端，两手压在锉刀上的力应保证平稳，推力的大小由右手控制。锉刀返回时两手不再施加压力，让锉刀在工件表面轻轻划回，如图 10-24 所示。

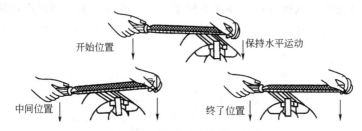

开始位置　　　保持水平运动

中间位置　　　终了位置

图 10-24　锉平面时的锉刀握法

锉平面可用交叉锉、顺向锉和推锉，如图 10-25 所示。交叉锉是锉刀以交叉的方向对工件锉削，适用于粗锉。顺向锉是锉刀沿工件表面横向或纵向移动，适用于工件锉光、锉平。推锉则是用两手对称地握住锉刀，用大拇指推动锉刀进行锉削，适用于修整尺寸和减小表面粗糙度。

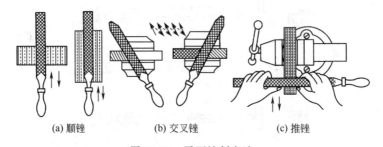

(a) 顺锉　　　　　　(b) 交叉锉　　　　　　(c) 推锉

图 10-25　平面锉削方法

② 曲面锉削　曲面锉削常采用顺锉法和滚锉法，如图 10-26 所示。顺锉法适合于粗加

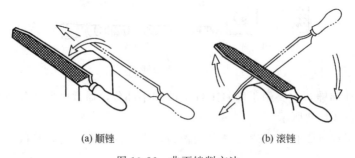

(a) 顺锉　　　　　　　　　　　(b) 滚锉

图 10-26　曲面锉削方法

工，而滚锉法一般用于曲面的精加工。

10.4.3 锉削质量检验

锉削工件的质量可用钢直尺和直角尺等检验其直线度、平面度、垂直度，用卡尺测量其尺寸精度，用表面粗糙度样板或肉眼观察其表面粗糙度。

10.5 钻孔、扩孔、铰孔和锪孔

10.5.1 钻孔

零件上孔的加工，除一部分由车、镗、铣、拉等机床完成外，很大一部分则由钳工利用钻床来完成。钻床的介绍详见10.1.2节。钻孔属于粗加工，其尺寸精度等级一般为IT12～IT11，表面粗糙度 Ra 值为 $25\sim12.5\mu m$。钻削加工的主运动是钻头的旋转运动，进给运动是钻头的向下移动。

① 钻头及安装　钻孔常用的刀具是麻花钻，它由柄部、导向部分和切削部分组成，如图10-27所示。切削部分结构如图10-28所示，它有两条对称的主切削刃、两条副切削刃和一条横刃。

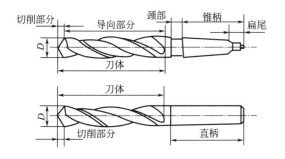

图 10-27　麻花钻结构

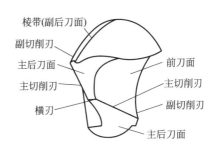

图 10-28　麻花钻切削部分结构

钻头装夹常用的夹具是钻夹头和钻套。钻夹头用来夹持直柄钻头，通过转动紧固扳手来夹紧或松开钻头，如图10-29所示。锥柄钻头可以直接装入钻床主轴的锥孔内，但当钻头的锥柄尺寸较小时，可用过渡套筒连接，如图10-30所示。

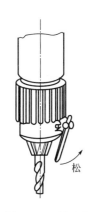

图 10-29　钻夹头

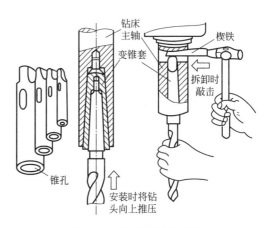

图 10-30　锥柄钻头的安装

② 工件装夹　工件一般用平口钳或压板装夹。大批量生产时，工件可使用专用夹具装夹。钻孔之前，应在工件事先划好的线上找正孔的位置，并打出样冲眼。

③ 钻孔操作　钻孔开始时，将钻头的钻尖对准孔中心的样冲眼，用较大的力向下进给。当孔要钻穿时，必须减少进给量。若孔较深，则需要经常退出钻头以便排屑和冷却刀具。

10.5.2　扩孔

扩孔是用扩孔钻对已经加工出的孔进行扩大加工的方法。扩孔属于半精加工，尺寸精度等级一般为IT10～IT9，表面粗糙度 Ra 值为 $6.3～3.2\mu m$。

扩孔钻的结构如图 10-31 所示，它与麻花钻相似，但切削部分的顶端时平的，无横刃。同时切削刃有 3～4 个，刚度和导向性较好，加工平稳。

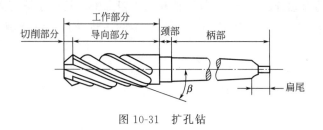

图 10-31　扩孔钻

10.5.3　铰孔

铰孔是用铰刀对孔进行精加工的方法。铰孔后工件的尺寸精度等级可达 IT8～IT6，表面粗糙度 Ra 值达 $1.6～0.8\mu m$。铰孔的加工余量较小，粗铰为 $0.15～0.25mm$，精铰为 $0.05～0.15mm$。

铰刀有手用铰刀和机用铰刀两种，如图 10-32 所示。机用铰刀一般为锥柄，可安装在低速车床、钻床或镗床上铰孔。手动铰刀多为直柄。

铰杠是用于夹持手动铰刀的工具，分为固定式和活动式，如图 10-33 所示为固定式铰杠。活动式铰杠的方孔大小可以通过转动右边手柄来进行调节。

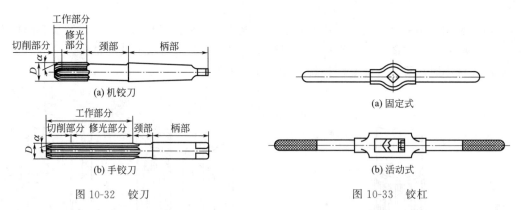

图 10-32　铰刀　　　　　　　　　　图 10-33　铰杠

铰孔时铰刀应垂直放入孔中，然后转动铰杠并轻压，慢速转动铰刀，且在铰削过程中，铰刀不能反转，以免崩刃和损伤已加工面。

10.5.4　锪孔

用锪钻在工件的孔口部分加工出一定形状的孔或平面的加工方法称为锪孔，如图 10-34 所示。锪孔一般在钻床上进行。

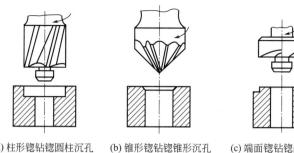

(a)柱形锪钻锪圆柱沉孔　(b)锥形锪钻锪锥形沉孔　(c)端面锪钻锪凸台平面

图 10-34　锪孔

10.6　螺纹加工

钳工中的螺纹加工包括攻螺纹和套螺纹。

10.6.1　攻螺纹

用丝锥加工内螺纹的方法称为攻螺纹（即攻丝），如图 10-35 所示。

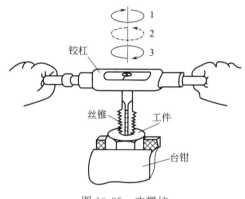

图 10-35　攻螺纹

（1）丝锥

丝锥分为手用和机用两种。手用丝锥由合金钢或轴承钢制成，其切削部分较长；机用丝锥用高速钢制成，切削部分要短些。

丝锥的结构如图 10-36 所示，由工作部分和柄部组成。工作部分又分为切削部分和校准部分。柄部的方榫用来与铰杠配合传递转矩。

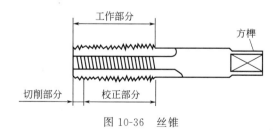

图 10-36　丝锥

M3～M20 手用丝锥多制成两支一套，分别为头锥和二锥。头锥有 5～7 个不完整的牙齿，二锥有 1～2 个不完整的牙齿，但两者的外径、中径和内径是相等的。

（2）攻螺纹操作步骤

攻螺纹操作步骤如图 10-37 所示。

① 钻螺纹底孔　确定螺纹底孔的直径和深度。具体方法可以查表或用经验公式(10-1)计算。

$$D \approx d - P \qquad\qquad （适用于塑性材料） \qquad\qquad (10\text{-}1)$$
$$D \approx d - (1.05 \sim 1.1)P \qquad （适用于脆性材料）$$
$$L \approx L_0 + 0.7d$$

式中　D——螺纹底孔直径，mm；

　　　d——螺纹大径，mm；

　　　P——螺距，mm；

　　　L——螺纹底孔深度，mm；

　　　L_0——要求螺纹的长度，mm。

经划线确定螺纹孔的中心后，应在该处打样冲眼，根据上述计算或查表选择适当规格的钻头，钻出螺纹底孔，如图 10-37(a) 所示。

② 孔口倒角　钻底孔后，应对孔口进行倒角（若是通孔，则两端均倒角），有利于丝锥切入，防止毛边或崩牙情况的发生，如图 10-37(b) 所示。

③ 用头锥攻螺纹　将头锥垂直放入孔中，用铰杠轻轻旋压入 1～2 圈后，用直角尺检查丝锥与孔的端面是否垂直。检查无误后再继续加压转动铰杠，丝锥旋入 3～4 圈后，只转动，不加压，同时每转 1～2 圈再反转 (1/4)～(1/2) 圈，以便断屑和排屑，如图 10-37(c) 所示。

④ 用二锥攻螺纹　将二锥用手旋入螺纹孔内，然后用丝杠转动，此时不需加压，二锥将沿头锥已攻出的螺纹在切削中逐渐旋入，如图 10-37(d) 所示。

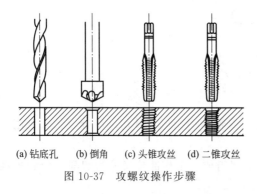

(a) 钻底孔　(b) 倒角　(c) 头锥攻丝　(d) 二锥攻丝

图 10-37　攻螺纹操作步骤

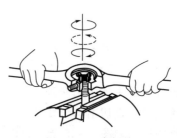

图 10-38　套螺纹

10.6.2　套螺纹

用板牙加工外螺纹的方法称为套螺纹（即套扣），如图 10-38 所示。

（1）板牙及板牙架

图 10-39(a) 所示为常用的固定式圆板牙。圆板牙由切削部分、校准部分和排屑孔组成。切削部分两端的锥角约 40°。

板牙架是夹持板牙并带动板牙转动的工具，如图 10-39(b) 所示。

（2）套螺纹操作步骤

① 确定套扣前圆杆直径　圆杆直径的大小可通过查表或用经验公式(10-2)计算确定。

$$D_0 \approx d - 0.13P \qquad\qquad\qquad (10\text{-}2)$$

式中　D_0——工件直径，mm；

　　　d——螺纹大径，mm；

　　　P——螺距，mm。

为使板牙起套时容易切入工件，圆杆端部应倒角，如图 10-40 所示。

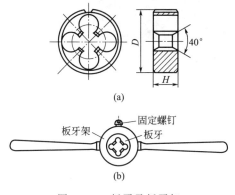

图 10-39　板牙及板牙架

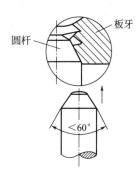

图 10-40　圆杆倒角

② 套螺纹　将装有板牙架的板牙垂直套在圆杆上，稍加压力开始转动板牙架，当板牙切入圆杆后，不再加压，只需均匀旋转，而且要经常反转，以便断屑。套扣时可加机油润滑。

10.7　装配

10.7.1　装配的作用及形式

装配是将合格的零件按规定的技术要求进行配合和连接，使之成为合格的部件或成品的过程。

装配是机器制造中的最后一个阶段，机器的质量最终是通过装配保证的。即使组成机器的零件加工质量很好，若装配工艺不合理或装配操作不正确，也不能保证获得合格的产品。

装配过程可分为组件装配、部件装配和总装配。

组件装配是以某一零件为基准件，将若干个零件安装在上面的过程。如减速箱的大轴组件，在基准大主轴上装上键、齿轮、垫套、轴承及透盖等构成了大轴组件，如图 10-41 所示。

部件装配是将若干若干零件或组件安装在一个基础件上的工艺过程。如图 10-42 所示为车床主轴箱部件。

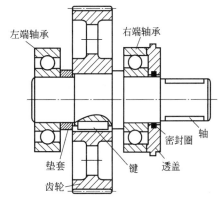

图 10-41　减速箱大轴组件装配

总装配是将若干个零件、组件和部件安装在产品的基础零件上而成为整个机器的过程。

10.7.2　典型装配工作

（1）螺纹连接的装配

图 10-42　车床主轴箱部件

螺纹连接具有结构简单、拆装和更换方便、成本低廉等特点，因此在机械产品中得到广泛使用。常用的螺纹连接方式如图 10-43 所示。

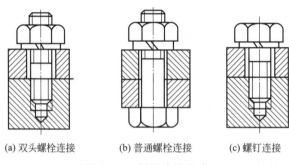

(a) 双头螺栓连接　　　(b) 普通螺栓连接　　　(c) 螺钉连接

图 10-43　螺纹连接方式

螺纹连接件的配合要松紧适当，拧紧的顺序要正确，要分几次逐步拧紧，如图 10-44 所示。

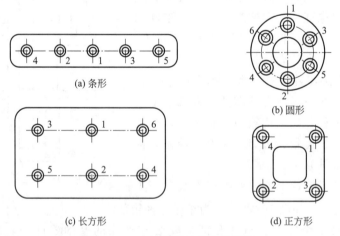

(a) 条形

(b) 圆形

(c) 长方形

(d) 正方形

图 10-44　成组螺纹连接紧固顺序

连接件在工作中有振动或受到冲击，为防止螺栓或螺母松动，必须采用弹簧垫圈、止动垫圈、开口销、锁片等防松装置，如图 10-45 所示。

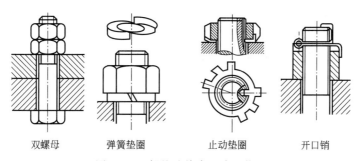

双螺母　　　　弹簧垫圈　　　　止动垫圈　　　　开口销

图 10-45　螺纹连接常用防松装置

螺纹装配常用的工具有螺钉旋具、活动扳手和专用扳手等。

（2）键连接的装配

键连接属于可拆装连接，常用于固定轴和轴上的零件，以传递运动和转矩。常用的键有平键、半圆键、楔键等，如图 10-46 所示。

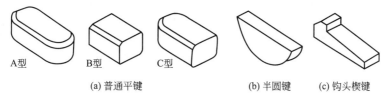

A型　　　B型　　　C型

(a) 普通平键　　　　　　　(b) 半圆键　　　(c) 钩头楔键

图 10-46　键

键连接装配时，应首先去除键槽边的毛刺，将利用铜棒键轻轻敲入轴的键槽内，最后对准轮孔的键槽，将已经安装有键的轴推入轮孔中。如图 10-47 所示为普通平键连接。

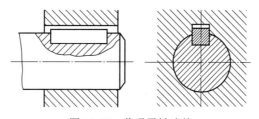

图 10-47　普通平键连接

（3）销连接的装配

销连接主要用来连接、定位或锁定零件，常用的销有圆柱销和圆锥销，如图 10-48 所示。

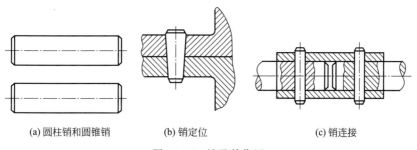

(a) 圆柱销和圆锥销　　　　(b) 销定位　　　　　(c) 销连接

图 10-48　销及其作用

圆柱销不宜多次拆装，以免降低定位精度和连接的可靠性。装配时可在圆柱销上涂抹润滑油，并用铜棒轻轻敲入。

圆锥销多用于定位及经常拆装的场合，装配时被连接的两个孔要同时钻削或铰削，孔径大小以销钉能自由插入销孔部分的长度占销钉总长的80%左右为宜，然后用手锤轻轻敲入。

（4）滚动轴承的装配

滚动轴承是轴承中最常用的类型，一般由外圈、内圈、滚动体和保持架组成，如图10-49所示。

滚动轴承的外圈与轴承座配合，固定不动，内圈与轴颈配合，随轴一起转动。其配合多为较小的过盈配合或过渡配合，装配时用铜棒或压力机压装。为了使轴承圈受力均匀常通过垫套施压，如图10-50所示。

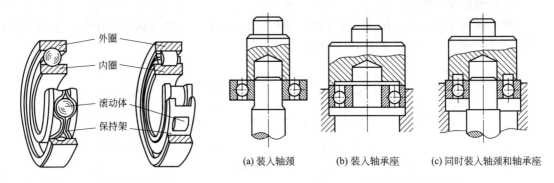

图 10-49 滚动轴承的结构

(a) 装入轴颈　(b) 装入轴承座　(c) 同时装入轴颈和轴承座

图 10-50 垫套压装滚动轴承

10.7.3 机器拆卸

机器使用一段时间后，由于零件的磨损而影响机器使用性能，此时便需要对机器进行拆卸修理。拆卸时应注意以下事项。

ⅰ．拆卸前仔细研究机器的装配图和零部件的结构原理，确定拆卸顺序和拆卸方法。

ⅱ．拆卸时所使用的工具应保证零件表面不受损伤。严禁用手锤直接在零件表面敲击。

ⅲ．记住拆卸顺序，对零部件做好记号，整齐摆放。对丝杠、长轴等零件要用布包好并用绳索吊起，避免碰伤或弯曲变形。

ⅳ．对采用螺纹连接或锥度配合的零件，拆卸前必须辨清松开回旋方向。紧固件上的放松装置，拆卸后一般要更换，避免再次使用时失效。

10.7.4 拆装实例

下面以往复式空压机主机为例介绍机器的拆卸和装配。如图10-51、图10-52所示分别为空压机主机的外观和内部结构。

空压机的工作原理：当曲轴旋转时，曲拐就带动活塞做垂直往复运动，活塞运行到最高点为上止点，活塞运行到最低点下止点，活塞在上下止点间运动一次称为一个冲程。曲轴通过连杆带动活塞从上止点向下运动时，缸体内容积增大，形成真空，进气阀片开启，排气阀片关闭，空气进入缸内，这个过程被称为吸气冲程；活塞运行到下止点后随即换向开始向上运动，这时缸体内气体被压缩，缸内压力升高，进气阀片关闭，当缸内气体压力达到能够顶开排气阀片时，排气阀片开启，气体排出缸体，这个过程被称为压气冲程。如此循环往复，空压机便不断把吸进的气体压出缸体，实现提供压缩空气的目的。

图 10-51 空压机主机外观

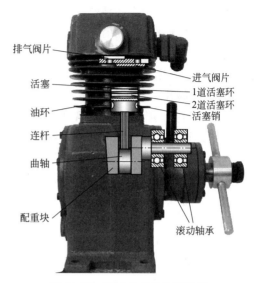

图 10-52 空压机主机内部结构

（1）空压机主机拆卸过程

空压机主机的拆卸步骤如下。

① 拆卸进气管　用开口扳手松开螺钉，将螺钉、弹簧、平垫圈、进气管和进气管垫取下。

② 卸下缸盖　用套筒扳手将位于缸盖上端的螺母松开，拧下缸盖上四个螺母、弹簧及平垫圈。双手托住缸盖，取下缸盖。

③ 拆解阀座　用套筒和力矩扳手松开缸盖上面的阀体螺钉，取下螺钉、弹簧垫、平垫圈；用平口螺丝刀插入阀座与缸盖间的缝隙，撬开阀座和缸盖，使阀座分离。用十字螺丝刀松开进气阀螺钉，取下螺钉、进气阀片压板和进气阀片。用开口扳手或活动扳手松开排气阀螺钉，取下螺钉、排气阀限位片和排气阀片。解体后的阀座各零件顺序摆放。

④ 拆解缸套　用开口扳手或活动扳手松开缸套螺母，取下螺母、弹簧垫片、平垫片，双手托住缸套向上拔取。取下缸套和缸套垫，可以看见活塞与连杆。在曲轴箱上端面与活塞之间垫上两等高垫。

⑤ 解体连杆　用开口扳手或活动扳手松开曲轴箱盖螺钉，取下螺钉和平垫片，取下曲轴箱盖。用套筒和力矩扳手套上曲轴平衡块螺钉帽，松开并取下平衡块螺钉，撬松平衡块后取下。端住连杆沿曲轴轴线移动使连杆靠上曲轴箱内壁，取出连杆。至此空气压缩机的解体操作已经完成。

注意解体过程要按顺序进行，拆下的零件要摆放整齐，以便于后续装配操作的进行。

（2）空压机主机装配过程

空压机主机装配步骤与拆卸步骤相反，其步骤如下。

① 安装活塞连杆　将活塞连杆插入曲轴箱并套上曲轴，将平衡块装上曲轴，注意对准键槽，用手锤把平衡块敲上曲轴，拧紧平衡块螺钉。握住曲轴手柄固定曲轴，用套筒和力矩扳手将平衡块螺钉帽拧紧到 $40\text{N}\cdot\text{m}$ 力矩。装上曲轴箱盖垫片盖上曲轴箱盖，拧紧箱盖螺钉。

② 安装缸套　缸套内壁涂抹机油，将活塞环开口调整到互为 $120°$，并注意开口要避开

活塞销的位置后，用手托住缸套套上活塞头部，保持缸套轴线与活塞轴线重合。用双手或活塞环卡子箍紧活塞环，同时用力下压缸套，将活塞环送入缸套。

将平垫、弹簧垫、螺母依次套上缸套螺栓，用开口扳手或活动扳手，以交叉对角线方式分三次将螺母上紧。

③ 装配阀片　将进气阀片大端向着阀座上5个孔，并使阀片上的两个小孔与阀座上的两个螺纹孔对齐。将进气阀压片压在进气阀片上（注意使其大圆弧倒角向外），使两个进气阀片固定螺钉穿过压板和阀片拧入阀座的螺纹孔内，并用十字花螺丝刀拧紧。

将阀座翻过来，将排气阀片对准阀座上的4个孔（注意阀片应该处于中凸位置），将排气阀限位片压在排气阀片上（注意限位片应该处于两边上翘的位置）。

使两个排气阀片固定螺钉穿过限位片和阀片拧入阀座螺纹孔内，并用开口扳手或活动扳手将其拧紧。

将阀座上进气口和排气阀分别对准缸盖上进气腔和排气腔，安装阀座，然后将阀座固定螺钉穿上弹簧垫和平垫片，穿过缸盖拧进阀座上的螺纹孔，此时不要上紧，装上缸盖垫，将阀座上两个进气阀固定螺钉帽分别对准缸套端面上的两个小孔，同时对正缸套上的缸盖螺栓，安装上缸盖。用套筒和力矩扳手将阀座螺钉扭紧到30N·m的转矩。将缸盖平垫、弹簧垫、螺母依次套上缸盖螺栓。

④ 安装进气管　装上进气管垫片和进气管，注意进气管口的方向，装上进气管螺钉和弹簧垫片，并用开口扳手拧紧。

⑤ 试运转　用手盘动曲轴手柄，应该转动灵活，并每转一圈转动力矩有所变化，能听到进排气阀开启或关闭的声音，用手放在排气口上，能够明显感觉到有气体间歇排出。

10.8　钳工操作示例

图10-53所示为小榔头的零件图，其加工步骤如表10-1所示。

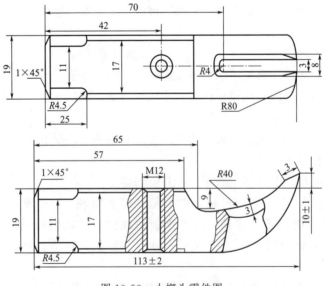

图 10-53　小榔头零件图

表 10-1　小榔头加工步骤

序　号	简　图	操　作
1. 下料		用 20mm×20mm 的 45 钢方棒料,锯下长度为 130mm 的毛坯
2. 锉端面		将其中一个端面锉平
3. 划线、钻孔		以锉过的端面为定位面,按简图所示在平台上划线、打样冲眼,钻出 $\phi6$ 通孔
4. 锯斜面、锉斜面		将工件装夹在台钳上,按照所画斜面线,留有 1mm 的锉削余量将多余料锯切。锉削平面至划线,保证总长 120mm
5. 划线、钻孔、锯起钉槽、锉斜面		画出起钉槽宽度线、中心线以及孔的中心线,打样冲眼,钻 $\phi8×5$、$\phi3×5$,锯 8mm 槽,锉斜面
6. 加工 M12 螺纹		钻孔 $\phi10$,倒角,攻丝 M12
7. 划线、倒角、锉圆弧		分别画出倒角线 4mm×4mm 及 1mm×1mm,并锉削加工倒角 4mm×4mm 及 1mm×1mm 和圆弧 R80、R4.5
8. 羊角冷弯		羊角冷弯,使最高点高于上平面 10mm±1mm
9. 精加工		各表面精锉至划线位置、抛光,最终将个人学号打在榔头表面
10. 装配		将榔头与车削加工的锤把装配到一起

10.9 钳工操作安全技术条例

ⅰ. 工作时要穿紧身工作服，女同学的长发要盘入工作帽内，严禁穿高跟鞋、拖鞋进入工作现场。

ⅱ. 锉削清除切屑时要用毛刷，不可用手抹，更不允许用嘴吹，防止割伤手指和防止屑末飞入眼睛。

ⅲ. 锯条安装时要齿向正确，拉力适当。

ⅳ. 钻孔时，工件、钻头装夹要牢固可靠。操作钻床时严禁戴手套，严禁用手摸工件和钻头。

ⅴ. 下班前擦净机床，清扫工作台面、地面，工具放入工作台抽屉内。

11 数控加工

11.1 数控加工概述

数控加工是利用编制的数控加工程序，将机械加工过程各种信息预先输入计算机数控系统，由计算机数控系统控制数控机床自动进行零件加工的过程。

11.1.1 数控加工的特点

与普通机床手工操作加工零件相比，数控加工具有如下几个主要特点。

① 加工质量稳定 所加工的零件具有良好的一致性。

② 适应能力强 加工不同零件，只需更改数控加工程序和更换刀具即可。

③ 生产效率高 采用数控加工方式可以比普通机床提高 $2\sim3$ 倍的生产率，尤其是对于复杂曲面的加工，生产率甚至可以提高十几甚至几十倍。

④ 便于实现生产自动化 采用数控加工便于向计算机控制与管理方向发展，为实现生产过程自动化创造了条件。

11.1.2 数控机床坐标系

编制数控加工程序分为手工编程和自动编程两种方法。无论采用哪种编程方法，都必须首先确定坐标系。数控加工坐标系采用右手笛卡尔直角坐标系，且坐标系的各坐标轴与机床的主要导轨相平行。直角坐标系的 X、Y、Z 轴三者之间关系由右手定则决定，相应的旋转坐标分别为 A、B、C。

(1) 数控机床坐标轴的确定

确定数控机床坐标轴时，一般是先确定 Z 轴，然后再确定 X 和 Y 轴。常用数控机床坐标轴的规定如图 11-1 所示。

① Z 轴 规定与主轴轴线平行的坐标轴为 Z 轴，并且刀具远离工件的方向为 Z 轴的正方向。

② X 轴 规定平行于导轨面，并且垂直于 Z 轴的坐标轴为 X 轴。对于工件旋转的机床，X 轴的方向是在工件的径向上，且平行于横向拖板的导轨面。规定刀具离开工件旋转中心的方向为 X 轴正方向，如图 11-1(a) 所示。对于刀具旋转的立式机床，则面对主轴看立柱时，右手所指水平方向为 X 轴正方向，如图 11-1(b) 所示。

③ Y 轴 Y 轴垂直于 X、Z 轴。Y 轴的正方向根据 X 坐标和 Z 坐标的正方向，按照右手笛卡儿直角坐标系来判断。

④ 旋转运动 围绕坐标轴 X、Y、Z 旋转的运动分别用 A、B、C 表示，它们的正方向用右手螺旋法则判定。

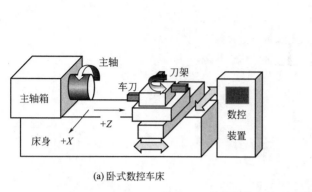
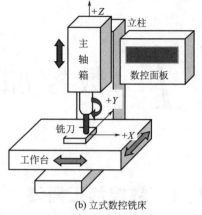

(a)卧式数控车床　　　　　　　　　　(b)立式数控铣床

图 11-1　常见数控机床坐标轴的规定

数控机床能同时控制的轴数称为联动轴数。

（2）绝对坐标与增量（相对）坐标

绝对坐标和增量坐标是数控编程中常用的两个概念。

① 绝对坐标　当坐标原点唯一，所有刀具运动轨迹的坐标值都是相对于该原点进行计算时，称为绝对坐标值，相应坐标系称为绝对坐标系。

② 增量坐标　当坐标原点定义为刀具移动的前一个位置，刀具运动轨迹的坐标值是相对于前一位置进行计算时，称为增量坐标值，相应坐标系称为增量（相对）坐标系。

（3）机床坐标系、机床原点与参考点

机床坐标系是数控机床固有的坐标系，其坐标轴及正方向同前述标准。机床坐标系的原点称为机床原点，是机床生产厂家在出厂之前设置的，用户不能随意改变。不同的数控机床坐标系的原点也不同，数控车床的机床原点位于主轴前端面的中心 M，如图 11-2 所示。数控铣床的机床原点则因生产厂家而异。

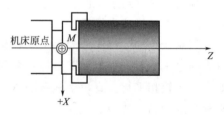

图 11-2　数控车床原点

数控机床参考点也称基准点，是大多数具有增量位置测量系统的数控机床所必需的。它是数控机床工作区内一个确定的点，并且与机床原点具有确定的尺寸联系。机床每次通电后，移动件（刀架或工作台）均须执行返回参考点的操作，数控装置在此过程中确认出机床原点的位置，从而使数控机床建立机床坐标系。

（4）工件坐标系与工件原点

直接利用机床坐标系来计算零件上各点坐标并进行编程往往十分不便，因此编程人员通常会选择一个工件坐标系来编写加工程序。工件坐标系是为了编程方便而建立的，其原点称为工件原点或程序原点，可以是工件上任一点，一般设定在零件图纸上尺寸标注的基准位置。工件坐标系各坐标轴的方向应与机床坐标系保持一致。

在机床回参考点之后开始数控加工之前，还必须进行"对刀"操作。将工件装夹在机床上，通过对刀操作可以获得工件原点与机床原点之间的距离，即工件原点偏置量。将该值预存到数控系统中，加工开始后该偏置量会自动加到工件坐标系上，使刀具与工件在机床坐标系内建立正确的坐标联系，实现准确的相对运动。

11.1.3 数控加工程序

在数控机床上加工零件时，首先要将被加工零件的工艺路线、加工参数、刀具轨迹、切削参数（主轴转速、进给量、切削深度等）以及辅助功能（换刀、主轴正反转、冷却液开停等）按照规定的指令代码及程序格式编写成可供数控机床使用的加工程序，据此才能自动控制数控机床完成工件的全部加工过程。

（1）数控加工程序编制方法

数控编程方法分两种，即手工编程和自动编程。

① 手工编程　手工编程是指零件图纸的分析、工艺处理、数值计算、程序清单编写、程序输入和校验等各个步骤均由人工完成。手工编程适用于形状不太复杂的简单几何零件。对于一些几何形状复杂、尤其是由空间曲面构成的零件，由于手工编程工作量大且容易出错，所以对该类零件常采用自动编程。

② 自动编程　也称计算机辅助编程，是编程人员采用 APT 语言或图形交互式编程系统，对加工过程与要求进行较为简便的描述，然后由编程系统自动计算出加工运动轨迹，并输出零件数控加工程序。目前常用的自动编程软件系统有 Pro/Engineer、MasterCAM、SolidCAM 和 CAXA 等。零件表面形状越复杂，工艺过程越繁琐，自动编程的优势就越明显，可以大大减轻编程人员的劳动强度，缩短编程时间，提高编程精度和效率。

（2）数控加工程序的结构

一个完整的数控加工程序由程序名、程序内容和程序结束三部分组成。

O××××；　　　　　　　　程序名（不同数控系统名称不相同）

N10 G92 X100 Z200；

N20…；

N30…；　　　　　　　程序内容

N40…；

N50 M30；　　　　　程序结束

程序内容由多个加工指令程序段组成，而每个程序段又由多个指令字组成。指令字表示一个信息单元，由顺序号字、准备功能字、尺寸字、进给功能字、主轴速度功能字、刀具功能字、辅助功能字和程序段结束符组成。

① 顺序号字　它是程序段的标号，通常置于程序段首位，以地址码"N"和后续3位到5位数字表示。可用它检索程序段，或者显示当前执行的程序段。

② 准备功能字　准备功能也称 G 功能。它以地址码"G"和后续若干位数字表示，主要用于定义加工方式、坐标系选择、坐标平面选择、刀具半径补偿、刀具长度补偿等机床操作功能。

③ 尺寸字　尺寸字用来给定机床各坐标轴位移的方向和数值，它由地址符（坐标轴代码 X、Y、Z 等）和后续带正负号的若干位数字表示。

④ 进给功能字　也称 F 功能。用来给定刀具相对于工件的运动速度，由"F"和后续若干位数字表示。

⑤ 主轴速度功能字　也称 S 功能。用来指定主轴速度，通常在更换刀具时指定，由"S"和后续若干位数字表示。

⑥ 刀具功能字　也称 T 功能。用于刀具更换时，指定刀具或显示待更换刀具的刀号，由"T"和后续若干位数字表示。

⑦ 辅助功能字　也称 M 功能。是用于控制机床辅助操作的一类指令，如切削液的开停、主轴正反转和停转，以及程序结束等，由 "M" 和后续若干位数字表示。

⑧ 程序段结束符　每个程序段结束后，都应有程序段结束符，它是数控系统编译程序的标志。常用的有 "＊"、";"、"LF"、"NL"、"CR" 等，不同的数控系统程序段结束符不同。

⑨ 指令　指令有模态指令和非模态指令。模态指令是指一经在一个程序中使用，就保持有效直到被同一组的另一个指令取代为止的指令。非模态指令是指仅在所在程序段内有效的指令。

（3）准备功能 G 指令

准备功能 G 指令主要用于定义加工方式、坐标系选择、坐标平面选择、刀具半径补偿、刀具长度补偿等操作功能。需要注意的是，同一个 G 指令代码，在不同的数控系统中所代表的功能可能不同。

① G54～G59　工件坐标系选用指令。加工时首先测量出工件原点与机床原点的偏置量，即 G54 ($X1$, $Y1$, $Z1$)，然后在相应的工件坐标系选择画面上输入相应数值，即完成 G54 工件坐标系的设定。此后当程序中出现 G90 G54 X20.0 Y20.0 时，则向预设的 G54 工件坐标系中的该点移动。

② G00～G03　运动控制指令。G00 为快速移动指令，编程格式为：G00 X____ Y____ Z____；表示将刀具快速移动到指定点 (X, Y, Z) 位置，移动过程中刀具不进行切削。

G01 为直线插补指令，编程格式为：G01 X____ Y____ Z____ F____；表示刀具以 F 进给量由当前位置出发，沿直线切削加工至点 (X, Y, Z) 处。

由于 "F" 为模态指令，因此前面的程序段一经指定，若不改变进给量，则后面的程序段不必再重复书写。

G02 和 G03 为圆弧插补指令，其中 G02 为顺时针方向圆弧插补指令，G03 为逆时针方向圆弧插补指令，编程格式为：G02（G03）X____ Y____ I____ J____ F____；或者 G02（G03）X____ Y____ R____ F____；其中 X、Y 为圆弧的终点坐标值，I、J 分别为从圆弧起点到圆心的矢量在 X、Y 轴上的投影。无论绝对值还是增量值编程，I、J 均按增量值计算。G02 和 G03 均为模态指令。

③ G40、G41、G42　刀具半径补偿指令。G40 为取消刀具半径补偿功能；G41 为左刀补，当沿刀具运动方向（假设工件不动）看时刀尖位于编程轨迹左边时采用；G42 为右刀补，当沿刀具运动方向（假设工件不动）看时刀尖位于编程轨迹右边时采用。刀具半径补偿的编程格式为：G01（G00）G41（G42）X____ Y____ F____ D____；其中 D 的数值为刀具补偿值寄存器序号，如 D01 表示第 1 号刀具的刀具补偿值存放于 D01 寄存器中，该刀具补偿值需操作者现场预先输入。

④ G04　暂停指令。G04 指令可使刀具在短时间内暂停进给运动，常用于车削环槽、锪孔和棱角加工等。其编程格式为：G04 X____；或 G04 P____；其中 X 值和 P 值表示暂停的时间。G04 为非模态指令。

（4）辅助功能 M 指令

辅助功能 M 指令是用于控制机床切削液泵的开、关，主轴正转、反转、停转，程序的结束等相关辅助操作的指令。

① M02、M30　程序结束指令，其中 M30 可使数控加工程序返回起始点。

② M03、M04、M05　分别表示主轴顺时针旋转、逆时针旋转和停转指令。

③ M06　换刀指令，执行自动换刀动作。

④ M98、M99　子程序调用指令，M98用于从主程序中调用子程序，M99用于子程序结束返回主程序。

（5）循环指令

在数控加工中有许多典型的连续加工过程常常需要多次重复使用，例如钻孔、镗削和攻螺纹等。为了简化编程，常将这些典型加工过程定义为相应的固定循环加工指令。以 SIE-MENS802C 系统数控车床的普通螺纹车削循环指令为例，其指令为 LCYC97。

11.2　数控车床

11.2.1　数控车床概述

数控车床又称为 CNC（computer numerical control）车床，即计算机数字控制车床。数控车床在数控设备中相对性价比高，是国内目前使用量最大、覆盖面最广的一种数控机床，其中尤以数控卧式车床应用最为普遍。如图 11-3 所示为经济型数控车床简图。

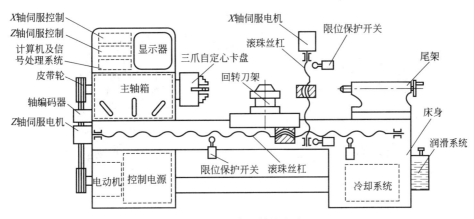

图 11-3　经济型数控车床

数控车床主要用来加工轴类、盘套类等回转体零件，能够通过程序控制自动完成内外圆柱面、圆锥面、圆弧面、螺纹等切削加工，并能进行切槽、钻孔、扩孔和铰孔等工作。数控车床具有加工精度高、稳定性好、加工灵活、通用性强等特点，能适应多品种、小批量生产自动化的要求，特别适合于加工具有复杂母线形状的回转体类零件。

数控车床与普通车床的结构形式相似，仍然由床身、主轴箱、刀架、进给系统以及液压、冷却、润滑系统等部分组成，但是数控车床的进给系统与普通车床存在着本质区别。普通车床的进给系统是经过交换齿轮架、进给箱、溜板箱传到刀架实现纵向和横向进给运动的，而数控车床则是直接用伺服电动机通过滚珠螺母丝杠驱动拖板和刀架的，传动链简短可靠，其结构较普通车床大为简化。

11.2.2　数控车刀的类型

（1）常用数控车刀

常用数控车刀类型如图 11-4 所示。刀具装夹结构如图 11-5 所示。对于数控车床，较适

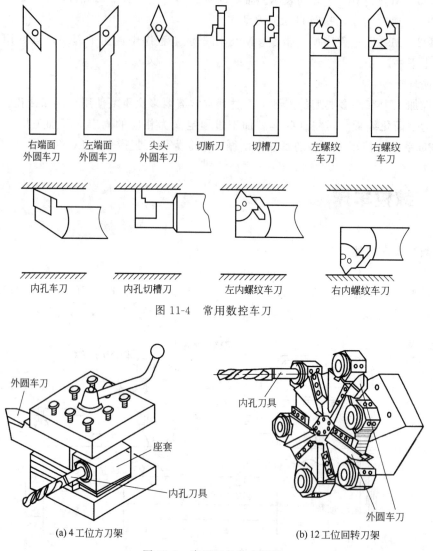

图 11-4　常用数控车刀

右端面
外圆车刀　左端面
外圆车刀　尖头
外圆车刀　切断刀　切槽刀　左螺纹
车刀　右螺纹
车刀

内孔车刀　内孔切槽刀　左内螺纹车刀　右内螺纹车刀

外圆车刀

座套

内孔刀具

(a) 4 工位方刀架

内孔刀具

外圆车刀

(b) 12 工位回转刀架

图 11-5　常用刀具装夹结构

合的应该是可转位刀片式车刀。当某零件加工需要用到多把车刀时，所用刀架可用如图 11-5(a) 所示的 4 工位方刀架，最多可安装 4 把刀具。也有很多机床采用如图 11-5(b) 所示的刀架形式，最多可安装 12 把刀具，由程序控制实现自动换刀。

（2）数控车床常用刀具材料

数控车床常用的车削刀具材料有高速钢和硬质合金两大类。

高速钢韧性比硬质合金好，但硬度、耐磨性和红硬性比硬质合金差，不适于切削硬度较高的材料，也不适于高速切削。但高速钢加工工艺性好，可用于制作整体式刀具，且刃磨方便，因此适用于各种特殊需要的非标准刀具。

硬质合金材料切削性能优异，在数控车削中获得了广泛应用，图 11-4 中所示各种常用数控车刀中的可转位刀片即采用硬质合金材料。硬质合金刀片有标准规格系列，具体技术参数和切削性能由刀具生产厂家提供。

除了上述两种材料外，还用硬度和耐磨性均超过硬质合金的刀具材料，如陶瓷、立方氮化硼、金刚石等。

11.2.3 数控车床加工工艺的制定

在数控车床上加工零件时，制定数控加工工艺的方法与步骤如下。

ⅰ. 分析零件图样，明确技术要求和加工内容。

ⅱ. 确定工件坐标系原点位置。在一般情况下，Z 轴应设置为与工件的回转中心线重合，X 轴的零点应设置在工件的右端面上。

ⅲ. 确定数控加工工艺路线。首先确定刀具的起始点位置，原则是有利于安装和检测工件，同时该起始点一般也作为加工的终点；其次确定粗、精车的走刀路线，原则是在保证零件加工精度和表面粗糙度的前提下，尽可能使加工路线最短；最后确定换刀点位置，原则是在自动换刀时不发生干涉。换刀点可以设置为与刀具起始点重合或不重合。

ⅳ. 选择合理的切削用量。主轴转速 S 大致范围是 $30\sim2000r/min$，根据刀具材料、工件材料和加工性质（粗、精加工）等选取。进给速度 F 大致范围是粗加工 $0.2\sim0.3mm/r$，精加工 $0.08\sim0.18mm/r$，快速移动为 $100\sim2500mm/min$，具体根据零件的加工精度和加工性质确定。切削深度 a_p 在粗加工时一般小于 $2.5mm$，半精加工时约为 $0.5mm$，精加工时约为 $0.1\sim0.4mm$，具体根据零件的刚度和加工性质确定。

ⅴ. 选择合适的刀具。根据零件的形状和精度要求选择刀具，经济型数控车床的自动回转刀架（方刀架）一般最多可安装 4 把刀具。

ⅵ. 编制和调试加工程序。

ⅶ. 试切工件，完成一个零件的加工过程。

11.2.4 数控车床程序格式及指令

下面以 SIEMENS802C 数控系统为例进行介绍。

（1）程序格式及部分指令

数控程序由各个程序段组成，每个程序段执行一个加工步骤，因此其中含有执行一个工序所需的全部数据。程序段由若干个字和段结束符"L_F"组成，在程序编写过程中进行换行时或按输入键时可自动产生段结束符。西门子数控车床程序段格式如下。

N··· _ G··· _ X··· _ Z··· _ F··· _ S··· _ T··· _ D··· _ M···；注释 _ L_F

其中：

N···表示程序段号，一般以 5 或 10 为间隔选择程序段号，以便以后插入程序段时不会改变程序段号的顺序；

_ 表示中间空格；

G···表示准备功能，规定指令的动作方式；

X···表示 X 坐标轴的位移信息，取直径值；

Z···表示 Z 坐标轴的位移信息；

F···表示进给速度指令；

S···表示主轴转速指令；

T···表示更换刀具号；

D···表示刀具补偿号；

M···表示机床辅助功能；

；注释 表示对程序段进行说明，位于最后，用"；"分开；

L_F 表示程序段结束。

在本系统中，部分相关 G 指令和 M 指令的含义分别见表 11-1 和表 11-2。

表 11-1　常用 G 指令含义

指令	组别	含义	编程格式
G00	01: 运动指令 （插补方式） 模态有效	以机床设定的参数快速线性移动	G00 X…Z…;
G01		按指定进给率的直线插补	G01 X…Z…F…;
G02		顺时针圆弧插补	G02 X…Z…I…K…F…; G02 X…Z…CR=…F…;
G03		逆时针圆弧插补	G03 X…Z…I…K…F…; G03 X…Z…CR=…F…;
G05		通过中间点进行圆弧插补	G05 X…Z…IX=…KZ=…F…;
G33		恒螺距的螺纹切削	G33 Z…K…SF=…;
G04	2: 特殊运行 程序段方式有效	暂停	G04 F…; 或 G04 S…;
G74		返回参考点	G74 X…Z…;
G75		返回固定点	G75 X…Z…;
G40	7: 刀尖半径补偿 模态有效	刀尖半径补偿方式取消	
G41		调用刀尖半径补偿，刀具在轮廓左侧移动	
G42		调用刀尖半径补偿，刀具在轮廓右侧移动	
G500	8: 可设定零点偏置模态有效	取消可设定零点偏置	
G54		第一可设定零点偏置	
G70	13:英/公制尺寸 模态有效	英制尺寸	
G71		公制尺寸	
G90	14:绝对/增量尺寸 模态有效	绝对尺寸	
G91		增量尺寸	
G94	15:进给/主轴 模态有效	进给率 F，单位 mm/min	
G95		进给率 F，单位 mm/r	

表 11-2　常用 M 指令含义

指令	含义	指令	含义	指令	含义
M00	程序停止，按"启动"键继续加工	M08	冷却液打开	M04	主轴反转
M01	程序有条件停止	M09	冷却液关闭	M05	主轴停止
M30	程序结束（返回）	M03	主轴正转	M41/42/43	主轴低/中/高挡转速

（2）刀具和刀具补偿

数控车床均具有刀具补偿功能。刀架在换刀时前一刀尖位置和所更换新刀具的刀尖位置之间会存在差异，以及由于刀具的安装误差、刀具磨损和刀具刀尖圆弧半径的存在等，在数控加工中必须利用刀具补偿功能予以补偿，才能加工出符合图样形状要求的零件。

刀具都编有对应号码，利用换刀指令 T 可以进行刀具选择，而本系统中每把刀具可以匹配 1～9 组不同的补偿数据（用于多切削刃刀具），其中某一切削刃的补偿值用 D 及相应的序号表示。例如更换刀具的程序段如下。

```
N10 T1           ;更换成刀具 1，且对应于 T1 的 D1 补偿值自动生效
N11 G00 X…Z…     ;对不同刀具间的长度差值进行补偿
```

N50 T4 D2　　　　　　　　　;更换成刀具 4，且对应于 T4 的 D2 补偿值生效

...

N70 G00 Z…D1　　　　　　　;刀具 4 的 D1 补偿值生效，此处仅更换切削刃

如果刀具补偿值取 D0 则表示没有补偿值生效。

刀具补偿参数需要单独输入到专门的补偿存储器中，其内容包括刀具几何参数、磨损量和刀具型号参数。数控车床的刀具补偿功能包括刀具长度补偿和刀尖半径补偿，其中刀具长度补偿一般通过对刀操作，测出每把刀具的位置补偿量并输入到相应的存储器内，而刀尖半径补偿只需将刀尖半径值直接输入相应存储器即可。

完成刀具补偿参数的输入以后，在编制数控程序时就无须再考虑刀具长度或切削半径，可以直接根据图纸对零件尺寸进行编程。在程序中只要调用所需的刀具号及其补偿参数，控制器即可利用这些参数执行所需要的轨迹补偿，从而加工出所要求的零件。

11.2.5　SIEMENS 802C 系统 TK40A 型数控车床的操作方法

11.2.5.1　MDA 操作面板

SIEMENS 802C 数控系统的 MDA 操作面板按钮布置如图 11-6 所示，现将各按钮功能介绍如下。

图 11-6　SIEMENS 802C 数控
系统的 MDA 操作面板

软菜单键；

加工状态显示；

∧ 返回上级菜单键；

＞ 扩展同级菜单键；

返回主菜单；

光标向上、向下键（上挡：向上、向下翻页键）；

光标向左、向右键；

← 删除键（退格键）；

选择/转换键；

回车/输入键；

↑ 上挡键；

INS 空格键（插入键）；

数字键（上挡键转换对应字符）；

字母键（上挡键转换对应字符）；

垂直菜单键；

报警应答键。

11.2.5.2 机床操作面板

配备西门子数控系统的 TK40A 型数控车床操作面板如图 11-7 所示，现将各按钮功能介绍如下。

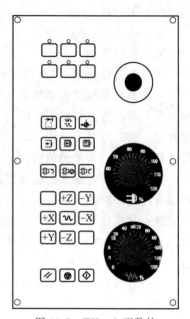

图 11-7　TK40A 型数控
车床操作面板

 复位键；

 数控暂停；

 程序启动键；

 带发光二极管的用户自定义键；

 不带发光二极管的用户自定义键；

 增量选择键，以步进增量方式运行，用于对刀；

 手动点动键，用来选择 JOG 运行方式，可以使坐标轴点动运行，坐标轴速度可通过修调开关调节；

 参考点键；

 自动方式键，选择自动运行方式；

 单段运行键，用于检查程序和操作；

 手动数据输入键，用来选择 MDA 运行方式，用于机床调整；

 主轴正转键；

 主轴反转键；

 主轴停止键；

 快速进给键；

  X 轴点动键；

  Y 轴点动键；

  Z 轴点动键；

 主轴速度修调开关；

 进给倍率开关；

 急停开关。

11.2.5.3 数控车床的操作步骤

(1) 接通电源

ⅰ. 检查 CNC 和机床外观是否正常。

ⅱ. 接通机床电器柜电源，按下电源打开按钮。

ⅲ. 检查 MDA 操作面板显示是否正常。

ⅳ. 检查散热风扇等是否正常运转。

(2) 手动操作

① 返回参考点（回零）　由于数控机床大多采用增量式检测系统，因此机床一旦断电，数控系统就会丢失对参考点的记忆；当再次通电后，必须首先执行返回参考点的操作，以在数控系统中建立机床坐标系。此外，当数控机床在运行过程中出现紧急停止或超程报警时，待故障排除后恢复数控机床工作时，也必须执行返回参考点的操作。具体操作步骤如下。

ⅰ. 选择 JOG 运行模式，然后按"参考点"键启动回零操作；

ⅱ. 持续按下 X 坐标轴方向键，直至回参考点窗口中显示该坐标轴已经到达参考点；

ⅲ. 持续按下 Z 坐标轴方向键，直至回参考点窗口中显示该坐标轴已经到达参考点。

② 拖板手动进给　按下机床控制面板上的快速进给键和相应坐标轴键，可以使拖板快速接近或离开工件。

③ 程序的编辑操作　选择"程序"操作区，可以新建、调用、编辑和删除程序。

（3）工件装夹

装夹工件棒料时，可使用三爪自定心卡盘进行夹紧，并留有一定的夹持长度。棒料的伸出长度应考虑到零件的加工长度及必要的安装距离等。

（4）设置刀具偏置参数（设定工件坐标系）

① 设置 X、Z 向的刀具偏置参数　按下"主轴正转"按钮启动主轴，然后选择 JOG 运行方式，试切工件外圆后沿 Z 方向退刀（注意 X 方向不要动），之后通过软菜单键进入到"对刀"窗口，选择相应的刀具号和 X 轴方向，然后在"零偏"输入区键入此时的 X 坐标值（直径值），再按"计算"和"确认"键即可将 X 向刀具偏置参数自动存入。接着再以 JOG 方式试切工件端面后沿 X 方向退刀（注意 Z 方向不要动），之后同样在"对刀"窗口中设定 Z 向刀具偏置参数。至此即完成一把刀具的偏置参数设定，其它刀具同样处理。

② 设置刀尖圆弧半径补偿参数　打开刀具补偿参数窗口，选择要设定的刀具号和刀沿号，然后移动光标到刀尖半径输入区，键入相应半径数值后，按输入键确认即可。

（5）自动加工

调出要执行的程序，检查无误后，选择自动运行方式执行加工程序。

（6）关闭机床

工件加工完毕后，卸下工件，清理机床，然后关机。

11.2.6　数控车床加工实例

要加工如图 11-8 所示的零件，毛坯为 ϕ45mm 圆棒料，材料为 45 钢，试编写该零件的数控车加工程序。

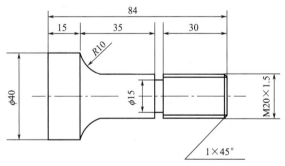

图 11-8　轴类零件图例

（1）分析零件图纸

由图 11-8 可知，该零件的轮廓由圆柱面、圆弧面、退刀槽、倒角、螺纹等几何要素组成，可利用西门子数控系统的毛坯切削循环指令 LCYC95 来完成其外圆粗加工程序，退刀槽则可直接采用 4mm 宽的切槽刀加工。螺纹 M20×1.5mm，计算得螺纹小径为 18.2mm，可利用螺纹车刀分三次切削来完成。该零件采用一次装夹的方法完成全部加工。

（2）制定切削加工工艺

① 确定装夹方法和加工顺序　以 ϕ45mm 外圆为基准，采用三爪自定心卡盘装夹工件，工件坐标系原点选在零件右端面回转中心处。加工顺序如下：ⅰ车端面；ⅱ用 LCYC95 循

环指令粗车各外圆，留精车余量 0.5mm；Ⅲ精车各外圆轮廓至所需尺寸；Ⅳ车 4mm 螺纹退刀槽；Ⅴ分 3 次走刀车削完成 M20 螺纹；Ⅵ切断。

② 选择刀具　因工件材料为 45 钢，选择机夹可转位不重磨刀具，选用 YT15 硬质合金刀片。1 号刀为 90°外圆粗车刀，2 号刀为 90°外圆精车刀，3 号刀为刃宽 4mm 的高速钢切槽刀，4 号刀为 YT5 硬质合金外螺纹车刀。

③ 切削用量　粗车外圆时，切削深度 $\alpha_p = 1.5$mm，进给量 $F = 0.2$mm/r，主轴转速 $S = 500$r/min；精车外圆时，切削深度 $\alpha_p = 0.25$mm，进给量 $F = 0.1$mm/r，主轴转速 $S = 800$r/min；车螺纹时螺距 $K = 1.5$，主轴转速 $S = 300$r/min；切槽时进给量 $F = 0.08$mm/r，主轴转速 $S = 300$r/min。

（3）编制数控加工程序

假定已经通过对刀操作完成工件坐标系的设置。

N10 G90 G95 G23 M42 M03 S500；	初始化设定为绝对坐标、直径方式，进给量单位 mm/r，主轴正转 500r/min
N20 T1D1；	调用 1 号刀具及其 1 号刀补
N30 M08；	开切削液
N40 G00 X50 Z0；	快速靠近工件
N50 G01 X0 F0.1；	加工右端面
N60 G00 X50 Z10；	快退至粗车外圆起始点
_CNAME＝"TEST1"；	外圆轮廓子程序程序名
R105＝1 R106＝0.5 R108＝3 R109＝7 R110＝2 R111＝0.2；	设置其它循环参数：轮廓加工方式为"纵向、外部粗加工"，精加工余量 0.5mm，最大切入深度 3mm，进刀角度 7°，粗加工退刀量 2mm，粗加工进给量 0.2mm/r
N70 LCYC95；	调用循环
N80 G00 X50；	沿各坐标轴返回循环起始点
N90 Z10；	
N100 G00 X100 Z100；	返回换刀点
N110 T2D1 S800；	调用 2 号刀具及其 1 号刀补，主轴转速 800r/min
N120 G00 X25 Z5；	快速靠近工件
N130 G01 X16 Z1 F2.0；	进刀至精加工起点
N140 X20 Z－1 F0.1；	车倒角
N150 Z－59；	精车 $\phi 20$ 外圆
N160 G02 X40 Z－69 CR＝10；	精车 $R10$ 圆弧
N170 G01 Z－90；	精车 $\phi 40$ 外圆
N180 X45 F2.0；	X 轴方向退刀
N190 G00 X100 Z100；	返回换刀点
N200 T3D1 S300；	调用 3 号刀及其 1 号刀补，主轴转速 300r/min
N210 G00 X25 Z－34；	切槽刀快速定位
N220 G01 X15 F0.08；	切槽
N230 G04 F1.5；	槽底动作，暂停 1.5s
N240 G01 X25 F2.0；	X 轴方向退刀
N250 G00 X100 Z100；	返回换刀点
N260 T4D1 S300；	调用 4 号刀具及其 1 号刀补，主轴转速 300r/min

N270 G00 X25 Z5；	螺纹刀快速定位
N280 X19；	第 1 刀进刀
N290 G33 Z－31 K1.5；	螺纹第 1 刀车削
N300 G00 X25；	X 轴方向退刀
N310 Z5；	Z 轴方向退刀
N320 X18.5；	第 2 刀进刀
N330 G33 Z－31 K1.5；	螺纹第 2 刀车削
N340 G00 X25；	X 轴方向退刀
N350 Z5；	Z 轴方向退刀
N360 X18.2；	第 3 刀进刀
N370 G33 Z－31 K1.5；	螺纹第 3 刀车削
N380 G00 X25；	X 轴方向退刀
N390 X100 Z100；	返回换刀点
N400 T3D1；	调用 3 号刀具及其 1 号刀补
N410 G00 X45 Z－88；	切断刀快速定位
N420 G01 X0 F0.08；	切断
N430 G00 X100 Z100 M05；	返回换刀点，主轴停转
N440 M09；	关切削液
N450 M30；	程序结束
TEST1.SPF；	轮廓子程序
N10 G01 X20 Z0；	轮廓第 1 点（起点）
N20 Z－59；	轮廓第 2 点
N30 G02 X40 Z－69 CR＝10；	轮廓第 3 点
N40 G01 Z－90；	轮廓第 4 点
M17；	

11.3 数控铣床

11.3.1 数控铣床概述

数控铣床是一类非常重要的数控机床，在航空航天、汽车制造、一般机械加工和模具制造业中应用十分广泛。数控铣床不但可以加工普通铣床能够加工的平面、斜面、沟槽、成型面等，还可以加工形状复杂的凸轮、样板、叶轮、模具等，同时还可以方便地进行钻、扩、铰孔和攻螺纹等。

数控铣床按主轴布置形式分类，可分为立式数控铣床、卧式数控铣床、龙门式数控铣床以及立卧两用数控铣床。其中立式数控铣床的主轴轴线垂直于加工工作台台面，是数控铣床中数量最多、应用最广泛的，如图 11-9 所示。

数控铣床的基本组成包括机械部分和以数控装置为核心的控制部分，其中机械部分包括机体（床身、立柱、底座）、主轴系统、进给系统（工作台、刀架）以及辅助系统（冷却、润滑等）。数控系统是数控铣床区别于普通铣床的核心部件，使用数控铣床进行加工时，操作者将编好的零件加工程序输入数控系统，经由数控系统将加工信息以电脉冲形式传输给伺服系统进行功率放大，然后驱动机床各运动部件协调动作，完成切削加工任务。

11.3.2 数控铣床加工工艺的制定

在数控铣床上加工零件时，制定加工工艺的方法如下。

ⅰ. 分析零件图样，明确技术要求和加工内容。

ⅱ. 确定工件坐标系原点位置。在数控铣床上加工的工件情况较为复杂，一般被加工面朝向 Z 轴正方向，可将坐标系原点定为工件上特征明显的位置，如对称工件的中心点等。

ⅲ. 确定加工工艺路线。首先选择铣刀，不同材料、不同表面或型腔要采用不同形式或不同直径的刀具加工；然后确定刀具起始点位置；最后确定加工轨迹，即加工时刀具切削的进给方式，确定采用环切还是平行切削方式走刀等。在确定刀具起始点和加工轨迹时，要注意区分铣刀类型。没有端刃的立铣刀不能沿 Z 向直接扎入工件表面；若需加工键槽等内腔表面，要选择有端刃的键槽铣刀。

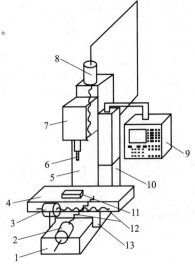

图 11-9 立式数控铣床结构
1—床身；2—Y 向伺服电动机；3—X 向伺服电动机；4—纵向工作台；5—立柱；6—铣刀；7—主轴箱；8—Z 向伺服电动机；9—数控操作板；10—伺服装置；11—工件；12—滚珠丝杠；13—滑鞍

ⅳ. 选择合理的切削用量。主轴转速 S 的范围一般为 $300\sim3200r/min$，根据工件材料和加工性质（粗、精加工）选取；进给速度 F 的范围为 $1\sim3000mm/min$，粗加工选用 $70\sim100mm/min$，精加工选用 $1\sim70mm/min$，快速移动选用 $100\sim2500mm/min$。

ⅴ. 编制和调试加工程序。

ⅵ. 完成零件加工。

11.3.3 数控铣床程序格式及指令

数控铣床所用加工程序与数控车床的加工程序格式大致相同，相关格式可参见 11.2.4 节。另外，由于数控铣床是三轴（或多轴）联动的复杂加工机床，因此加工指令与数控车床有所不同。

ⅰ. 在直线插补指令中允许有 X、Y、Z 三个坐标值出现。

ⅱ. 西门子数控系统具有线性排列孔钻削循环 LCYC60、圆弧排列孔钻削循环 LCYC61 及铣削循环 LCYC75 等数控铣床专用指令。

ⅲ. 在数控铣床加工中，由于大部分零件编程是脱离机床用编程机或装有通用编程软件的微机实现的，因此在工件坐标系和机床坐标系之间需要能够进行方便的转换，一般通过零点偏置指令 G54～G57 来实现。

11.3.4 数控铣床操作方法

数控铣床配置的数控系统不同，其操作面板的形式也不相同，但各种开关、按键的功能及操作方法大同小异。数控铣床 SIEMENS 802S 数控系统的控制面板及各功能键的说明与数控车床基本相同，请参见 11.2.5 节。数控铣床的操作步骤如下。

（1）开机

ⅰ. 检查机床状态是否正常，电源电压是否符合要求，接地是否正确；

ⅱ. 打开电源；

ⅲ. 检查风扇电动机运转是否正常；

ⅳ. 检查面板各项显示是否正常。

（2）机床回参考点（回零）操作

ⅰ. 选择 JOG 运行模式，将工作台，尤其是刀轴移动到中间部位；

ⅱ. 按"回参考点"键启动回零操作，分别持续按下 X、Y、Z 坐标轴方向键，直至回参考点窗口中显示该坐标轴已经到达参考点；

ⅲ. 选择"快速进给"方式，将机床各轴移回到中间部位。

（3）装夹工件

数控铣床夹具主要是平口钳和三爪自定心卡盘。首先利用手动方式尽量将 Z 轴抬高，利用手柄将工作台降低，然后将平口钳或三爪卡盘安装到工作台上，调整并紧固。之后将工件安装到夹具内，根据加工高度调整工作台的位置后锁紧。

（4）G54 设置

首先在 JOG 运行方式下进行对刀，找到并计算出工件上所需坐标点位置，然后通过软键"参数"和"零点偏移"选择相应的零点偏置（G54～G57），然后将相应坐标值输入对应各轴数据区即可。

（5）输入程序

将数控加工程序输入数控系统，可以选择手动输入或者通过计算机通信方式输入。

（6）自动加工

选择自动方式，按下数控启动按钮，铣床开始自动加工。加工过程中要注意观察切屑情况，并随时调整进给速率，以保证在最佳条件下切削。

（7）关闭机床

工件加工完毕后，卸下工件，清理机床，然后关机。

11.3.5 数控铣床加工实例

如图 11-10 所示零件，厚度为 15mm。要求对该零件外轮廓进行精加工，试编写该零件的数控加工程序。

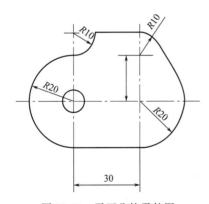

图 11-10 平面凸轮零件图

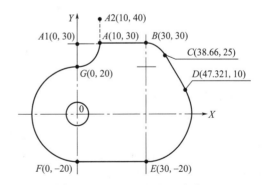

图 11-11 平面凸轮加工路线图

（1）加工工艺分析

经图纸分析可知，该零件外轮廓由若干圆弧和直线连接而成。其中 $\phi10$ 孔为设计基准，故取该孔和一个端面为主要定位面，消除 5 个自由度，另取下方侧平面用于定位以消除另一个自由度，使工件完全定位。在端面上用螺母垫圈将工件压紧。由于 $\phi10$ 孔既是设计基准又是定位基准，所以对刀点选在该孔中心线与上端面的交点处，这样很容易确定刀具中心与零件的相对位置。

（2）刀具加工起点和走刀路线的确定

如图 11-11 所示。刀具加工起点位置应在工件上方，不接触工件，但不能使空刀行程太长。由于铣削零件平面轮廓时用刀的侧刃，为了避免在零件轮廓的切入点和切出点处留下刀痕，应沿轮廓外形的延长线切入和切出。切入点和切出点一般选在零件轮廓两几何元素的交点处。所以，此处刀具加工起点位置可选为刀具底部在 Z 向距离工件上表面 2mm 处，切入点为 A1 点，切出点为 A2 点。采用 10mm 立铣刀，顺铣方式，铣削顺序为 A1-A-B-C-D-E-F-G-A-A2。通过建立左刀补，调用刀具半径补偿偏置量，完成精加工。最后取消刀补，刀具回到原点位置。

（3）数控加工程序

N10 G54 G90 G00 X0 Y0 Z40；	建立工件坐标系并快速定位至工件原点
N15 G17 T1；	调用 1 号刀具
N20 G00 X−10 Y 30；	快速到达切入点 A1
N30 G00 Z2；	快速下刀至零件上表面
N40 M03 S500 M08；	主轴正转 500r/min，切削液打开
N50 G01 Z−16 F200；	下刀至零件下表面以下 1mm 处
N60 G41 G01 X10 Y30 F80；	建立左刀补并切削至 A 点
N70 G01 X30 Y30；	切削直线 AB
N80 G02 X38.66 Y25 CR=10；	切削圆弧 BC
N90 G01 X47.321 Y10；	切削直线 CD
N100 G02 X30 Y−20 CR=20；	切削圆弧 DE
N110 G01 X0 Y−20；	切削直线 EF
N120 G02 X0 Y20 CR=20；	切削圆弧 FG
N130 G03 X10 Y30 CR=10；	切削圆弧 GA
N140 G01 X10 Y50；	沿 A 点切线方向切出至 A2
N150 G40 G01 Z40 F200；	取消刀补同时 Z 向抬刀
N160 G00 X0 Y0；	快速返回工件原点
N170 M05 M09；	主轴停，切削液关闭
N180 M30；	程序结束

11.3.6　数控铣床加工程序的自动生成

数控编程是从零件图纸到获得数控加工程序的全过程。由于数控铣床一般用于加工空间复杂曲面，程序编制时要将空间曲线和曲面先分解，计算出组成曲线和曲面各段圆弧交界点坐标，再将铣刀运动轨迹等参数编制成代码程序，控制刀具运动包络出加工曲面，计算和编制工作量较大。随着计算机辅助制造 CAM 技术的发展，可以利用软件对所需加工零件图纸进行处理，自动生成可供数控机床使用的加工程序代码。下面以国产 CAD/CAM 软件 CAXA 制造工程师为例，详细讲述自动编程的过程。

CAXA 制造工程师 2006（以下简称 ME）是一套可以自动生成适用于数控系统加工程序的 CAD/CAM 一体化软件，其操作界面如图 11-12 所示。该软件的基本功能包括绘制曲线、绘制曲面、实体造型和自动生成零件表面的加工轨迹和加工程序。下面以某具体实例简要说明数控加工程序自动生成的步骤。

例　某待加工工件为圆锥体，高度为 50mm，拔模斜度为 60°，圆锥下半径为 108mm。下面说明利用 ME2006 对其自动生成数控加工程序的过程。

（1）几何造型

ⅰ. 点击特征树中的平面 XY，点击草图图标进入草图状态。

ⅱ. 点击圆图标，选择"圆心 _ 半径"方式，输入圆心（0, 0）和半径 108，得到一个圆。

ⅲ. 点击草图图标退出草图状态。

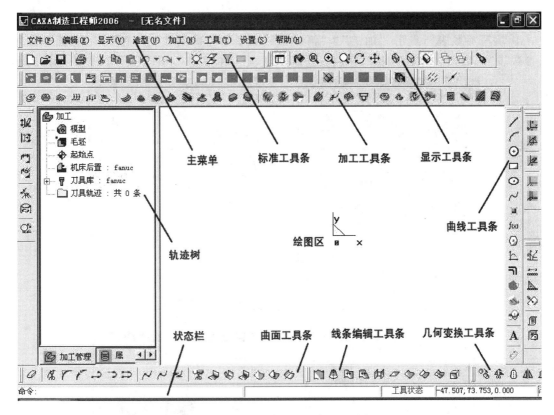

图 11-12　CAXA制造工程师 2006 界面

ⅳ．点击拉伸图标，弹出对话框如图 11-13 所示，按图进行相应设置并确定。

图 11-13　拉伸加料对话框

ⅴ．点击"确定"后，得到如图 11-14 所示圆锥体。

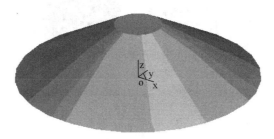

图 11-14　圆锥体

（2）轨迹生成

① 填写参数表　点击"加工">"精加工">"平面轮廓精加工"，弹出"平面轮廓加工参数表"，如图 11-15 所示。分别点击各个选项，并按图 11-15（a）～（e）所示填写相

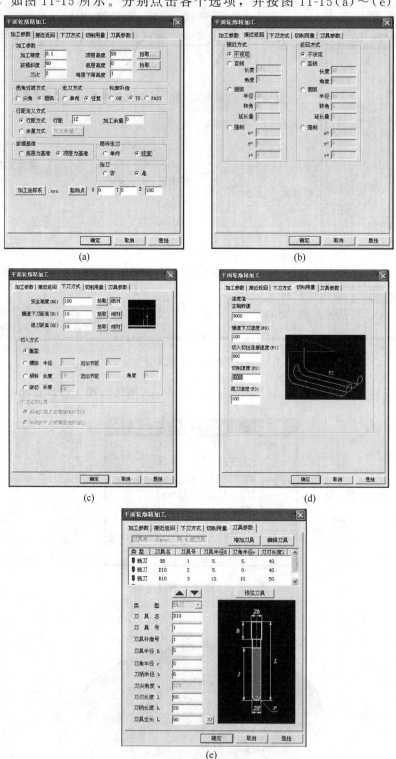

图 11-15　平面轮廓加工参数表

应参数。

②轨迹生成　所有参数设置完毕后点击确定按钮，系统提示"拾取轮廓和加工方向"。用鼠标左键拾取空间圆，然后选择刀具的加工方向（也表示拾取轮廓线的方向），此处选用顺时针方向。当拾取轮廓线完毕后，系统要求继续选择方向，此方向为加工的侧边，即要加工轮廓线以内还是轮廓线以外，此处选择外侧加工。最后点击鼠标右键，生成如图11-16所示轨迹。

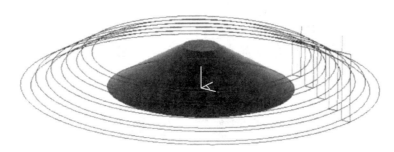

图 11-16　圆锥体刀具轨迹

（3）生成G代码　点击"应用"＞"后置处理"＞"生成G代码"，则系统提示"生成当前机床的加工指令"，同时弹出选择后置文件对话框。输入文件名：圆锥体，然后保存，如图11-17所示。

图 11-17　选择后置文件

之后系统提示"拾取刀具轨迹"，左键拾取生成的刀具轨迹，按右键结束，系统便自动生成机床能识别的代码。

11.4　加工中心

11.4.1　加工中心概述

加工中心是具有自动回转刀库的多功能数控机床，在工件一次装夹后可自动转位、自动换刀、自动调整主轴转速和进给量、自动完成多工序的加工。加工中心的种类有很多，如镗车削加工中心、铣削加工中心。

图11-18是XH713型立式铣削加工中心，它有一个盘式回转刀库，可容纳16把刀具，可对工件自动进行镗、铣、钻、扩、铰和攻螺纹等多种加工。当一种加工完成后，机床主轴

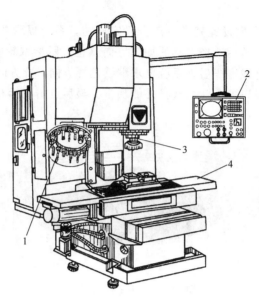

图 11-18　XH713 型立式加工中心
1—刀库；2—操作面板；3—主轴；4—工作台

停止转动并移动到换刀位置，主轴孔内的刀具拉紧机构自动松开，机械手即可将用完的刀具卸下，并换上下一步加工所需的刀具。

加工中心用于实现多功能的自动化和多种加工，从而可大大简化工艺设计，减少零件运输量，提高设备的利用率和生产率，并可简化和改善生产管理。加工中心为实现 CAD（计算机辅助设计）、CAPP（计算机辅助制定工艺）和 CAM（计算机辅助制造）一体化提供了重要条件。

11.4.2　加工中心适宜加工的零件

加工中心适宜于加工形状复杂、工序较多、精度要求较高的零件，其加工对象主要有以下几类。

① 平面类零件　指单元面是平面或可以展开成为平面的一类零件。圆柱面属于平面类零件。此类零件是数控铣削加工对象中最简单的一类，一般只用 3 坐标数控铣床的两轴联动加工即可。对于有些斜平面类零件的加工，常用方法如下：

ⅰ. 当工件尺寸不大时，可用斜垫板垫平后加工；

ⅱ. 当工件尺寸很大，斜面坡度较小时，常用分层切除法加工，对于加工面上留下的残余高度，可用电火花或钳工修整等方法加以清除；

ⅲ. 加工斜面的最佳方法是用侧刃加工，加工质量好，加工效率高，但对机床坐标数要求较多，且编程较为复杂。

② 变斜角类零件　指加工面与水平面的夹角成连续变化的零件。这类零件的加工面不能展开成平面，如飞机上的大梁、框架、橡条与筋板等。加工变斜角类零件常采用 4 坐标或 5 坐标数控铣床摆角侧刃加工，但加工程序编制相对困难；也可用 3 轴或 2.5 轴加工中心进行近似加工，但质量较差。

③ 箱体类零件　指具有型腔和孔系，且在长、宽、高方向上有一定比例的零件，如汽车的发动机缸体、变速箱、齿轮泵壳体等。箱体类零件一般要进行多工位的平面加工和孔系

加工，通常要经过铣、钻、扩、铰、镗、攻螺纹等工序。在加工中心上加工，一次装夹即可完成普通机床60%～95%的工序内容，尺寸一致性好，质量较为稳定，生产周期短。

④ 曲面类零件　指加工面不能展开为平面，在加工过程中加工面与铣刀始终为点接触的空间曲面类零件，如整体叶轮、刀风轮、螺旋桨、复杂模具型腔等。曲面零件在普通机床上是很难甚至无法加工的，而在加工中心上则较为容易。

11.5　数控加工安全技术条例

ⅰ. 工作时要穿紧身的工作服，女同学的长发要盘入工作帽内，严禁穿高跟鞋、拖鞋进入工作现场，严禁戴手套操作。

ⅱ. 工件和刀具装夹应牢固可靠，工具、量具整齐排列在主轴箱台面上。工件装夹时用力要均匀，防止滑落伤手。装夹完毕后及时将扳手取下放在规定的位置，严禁在未取下扳手的情况下启动车床。

ⅲ. 机床通电后要首先进行回零操作。回零操作时先回 Z 轴，然后再回 X、Y 轴，以建立机床坐标系。

ⅳ. 认真核对刀具补偿值和刀补号，绝对不能有误。

ⅴ. 加工过程中若出现紧急情况，应立即按下面板上的"急停"按钮。待故障排除后方可关闭防护门，继续加工。

ⅵ. 实习中若多人共用一台机床，严禁多人同时操作。

ⅶ. 操作过程中必须注意力集中，谨慎操作。

ⅷ. 任何人严格禁止随意修改或随意删除机床设置参数。

ⅸ. 数控实习完毕关机前，应将刀具移动到安全位置，然后切断电源。清除工作台上的切屑，清理机床并关闭机床防护门。

12 特种加工

12.1 特种加工概述

特种加工是指利用电能、声能、光能和化学能等能量形式进行加工的方法的总称，常用的有电火花成型加工、电火花线切割加工、激光加工、电解加工、超声加工、电子束加工等。

12.1.1 特种加工的特点

ⅰ. 可加工超硬脆材料和精密微细零件。

ⅱ. 工具与被加工对象基本不接触，因此机械作用力、加工后的残余应力、冷作硬化现象、加工热等的影响小。

ⅲ. 加工能量易于控制和转换，故加工范围广，适应性强。

12.1.2 特种加工的应用

ⅰ. 加工如耐热钢、不锈钢、钛合金、淬硬钢、硬质合金、陶瓷、宝石、聚晶金刚石、锗和硅等高强度、高硬度、高韧性、高脆性的难加工材料。

ⅱ. 加工形状复杂及具有细微结构的零件，如冲模、冷拔模的型腔和型孔、涡轮叶片、喷油嘴、喷丝头的小孔、窄缝等。

ⅲ. 加工特别细长的低刚度螺杆、精度和表面质量要求特别高的陀螺仪等特殊要求的精密零件。

12.2 数控电火花成型加工

12.2.1 数控电火花成型加工原理

电火花成型加工是基于在绝缘的工作液中工具和工件（正、负电极）之间脉冲性火花放电时的电腐蚀现象去除加工零件上多余的金属，从而使零件的尺寸、形状和表面质量达到技术要求的一种加工方法。

其基本加工原理如图12-1所示，工件与工具分别与脉冲电源的两输出端相连接，电动机带动丝杠螺母机构的自动进给调节装置，保持工具和工件间的宏观放电间隙。当脉冲电压加到两极之间时，便在某一间隙最小处或绝缘强度最低处击穿工作液，在该局部产生火花放电，电火花瞬时高温使该部位工件表面的金属被熔化、气化、抛离工件表面从而形成一个小凹坑。一次脉冲放电结束，经过一段脉冲间隔时间后，工作液也恢复了绝缘。当第二个脉冲电压又加到两极上，在新的极间距离最近或绝缘强度最弱处再次击穿放电，又电蚀出一小凹坑。这样随着较高的脉冲频率连续不断地重复放电，逐步将工具的形状"复制"在工件上，加工出所需的零件。在加工过程中，工具电极也会因放电而产生局部损耗。

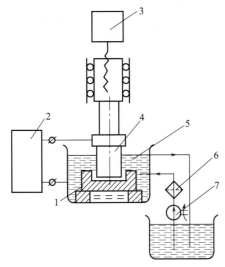

图 12-1　数控电火花成型加工原理

1—工件；2—脉冲电源；3—自动进给装置；4—工具；

5—工作液；6—过滤器；7—工作液泵

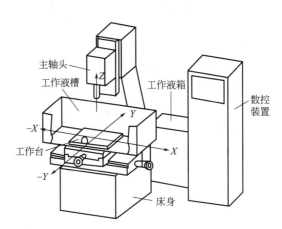

图 12-2　数控电火花成型加工机床

12.2.2　数控电火花成型加工机床

数控电火花成型加工机床主要由床身、主轴头、工作台、工作液箱、数控装置等部分组成，如图12-2所示。

主轴头是电火花成型加工机床的关键部件，其下部安装工具电极，能自动调整工具电极的进给速度，使之随着工件蚀除而不断进行补偿进给，保持一定的放电间隙，使电火花放电持续进行。主轴头的结构、运动精度和刚度、灵敏度等都直接影响零件的加工精度和表面质量。

工作台用于支撑和安装工件，并通过纵、横向坐标的调节，找正工件与电极的相对位置。工作液箱则固定在工作台上，用于容纳工作液，使电极和工件的放电部位浸泡在工作液中。

主轴和工作台各运动轴的方向定义如下：操作者面向机床，工具电极相对于工件，Z轴向上为正（＋），X轴向右为正（＋），Y轴向前为正（＋）。

12.2.3　数控电火花成型加工的特点

ⅰ．可以加工任何硬、脆、韧、软、高熔点的导电材料，如工业纯铁、不锈钢、淬火钢、硬质合金、导电陶瓷、立方氮化硼和人造聚晶金刚石等。

ⅱ．由于工具电极和工件不直接接触，加工过程中没有宏观切削力，发热小，所以适宜薄壁、弹性、低刚度和有微细小孔、异形小孔零件的加工。

ⅲ．电火花成型加工的生产效率较低，常可采用特殊工作液、适当减少被加工零件的加工余量等方法来提高生产效率。

ⅳ．电火花成型加工时，工件表面存在电蚀硬层，硬度较高，不易去除。

12.2.4　数控电火花成型操作要领

（1）工具电极的选择和安装

电火花成型加工时，常用石墨和紫铜作为其电极材料，工具电极的形状与被加工零件的形状像匹配，尺寸为：

$$工具电极尺寸＝工件内腔尺寸－2×火花间隙$$

石墨电极的加工效率较高，但自身的损耗较大，仅适用于粗加工；紫铜电极加工稳定性好，电极损耗相对较小，适用于精加工或粗加工，尤其适用于带有精密花纹的精加工。

工具电极安装时，可借助电极套筒、电极柄、钻夹头、U形夹头、管状电极夹头等辅助工具，将不同类型的工具电极夹紧在电火花成型机床的主轴头上，并通过调整找正，使工具电极的轴心线与电火花成型机床工作台垂直。

（2）脉冲参数的选择

脉冲参数除脉冲电压（峰值电压）外，还包括脉冲宽度、间隔时间、峰值电流等。脉冲参数的选择将直接影响加工速度、表面粗糙度、电极损耗、加工精度和表面质量。

粗挡加工时，脉冲宽度选 $500\sim1200\mu s$，脉冲间隔约在 $100\sim200\mu s$ 之间，加工电流则按加工面积的大小而定，一般为 $40\sim350A$。

半精加工时，一般脉冲宽度选在 $30\sim400\mu s$，加工电流为 $6\sim50A$。

精加工时一般加工余量在 $0.02\sim0.2mm$ 之间，精加工的脉冲宽度应小于 $20\mu s$，峰值电流应小于 $5A$，以能够保证被加工工件所需的表面粗糙度为准。

12.2.5 数控电火花成型加工的应用

电火花成型加工主要用于型孔、型腔的加工，常见的加工类型如下。

① 型腔加工　加工过程中工具电极必须按照被加工零件的图纸要求进行制造。

② 穿孔加工　可用于加工各种形状的孔，如圆孔、方孔、多边形孔、异形孔等。被加工小孔的直径可达 $0.1\sim1mm$，甚至可以加工直径小于 $0.1mm$ 的微孔，如拉丝模孔、喷嘴孔、喷丝孔等。

12.3　数控电火花线切割加工

12.3.1　数控电火花线切割加工原理

电火花线切割加工是在电火花成型加工基础上发展起来的一种新工艺，它也是通过电火花放电对工件进行加工，由于电极为线状，故称其为电火花线切割。其加工原理如图 12-3 所示。

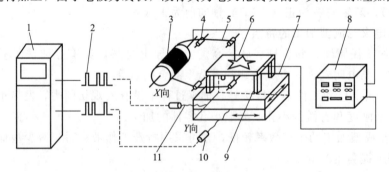

图 12-3　数控电火花线切割加工原理图

1—数控装置；2—电脉冲信号；3—储丝筒；4—导轮；5—电极丝；6—工件；
7—工作台；8—脉冲电源；9—绝缘块；10—步进电动机；11—丝杠

工作时，被切割的工件连接脉冲电源的正电极，电极丝接脉冲电源的负极。脉冲电源使电极丝和工件之间产生火花放电，放电通道的中心温度瞬时可高达 10000℃ 以上，高温使工件局部金属熔化，甚至有少量气化，高温也使电极丝和工件之间的工作液部分产生气化，气化后的工作液和金属蒸气瞬间迅速热膨胀，并具有爆炸的特性，从而实现工件材料进行电蚀切割加工。

12.3.2　数控电火花线切割加工机床

数控电火花线切割加工机床按照电极丝运动的速度，可分为快速走丝机床和慢速走丝机床。电极丝运动的线速度在 7～10m/s 范围内的为快速走丝，低于 0.2m/s 的为慢速走丝。常用的是快速走丝电火花线切割机床。

数控电火花线切割加工机床由机床本体、脉冲电源、数控装置三部分组成，如图 12-4 所示。

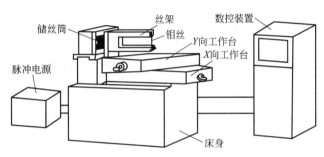

图 12-4　数控线切割加工机床

（1）机床本体

机床本体由床身、工作台、运丝机构、工作液系统等部分组成。

① 床身　用于支撑和连接工作台、运丝机构、机床电气，以及存放工作液系统。

② 工作台　用于安装并带动工件在工作台平面内做 X、Y 两个方向的移动。工作台分为上下两层，分别与 X、Y 向滚珠丝杠相连，由两个步进电动机分别驱动。

③ 运丝机构　电动机通过联轴节带动储丝筒交替做正、反向转动，电极丝整体地排列在储丝筒上，并经过丝架、导轮作往复高速移动。

④ 工作液系统　由工作液、工作液箱、工作液泵和循环导管组成，主要起绝缘、冷却和排屑的作用。

（2）脉冲电源

脉冲电源为放电提供能量，其作用是把交流电转换成高频率的单向脉冲电源。

（3）数控装置

数控装置以微机为核心，配备相关硬件和控制软件，能够按照预编的程序指令控制机床工作台 X、Y 两个方向的运动。

12.3.3　数控电火花线切割加工的特点

i．不需制造成型电极，用从市场采购的电极丝即可完成工件加工。主要切割淬火钢、硬质合金等各种高硬度、高强度、高韧性和高脆性的导电材料。

ii．电极丝比较细，可以加工微细异形孔、窄缝和复杂形状的工件。

iii．能加工各种冲模、凸轮、样板等外形复杂的精密零件，尺寸精度可达 0.02～0.01mm，表面粗糙度 Ra 值可达 1.6μm。还可切割带斜度的模具或工件。

ⅳ．切割缝狭窄，节省材料，有时工件材料可以"套裁"。

ⅴ．加工时电极丝与工件不接触，切削力极小，不产生毛刺和明显刀痕等，有利于加工低刚度零件和细微零件。

ⅵ．自动化程度高，操作方便。

12.3.4 数控电火花线切割加工的程序编制

高速走丝线切割机床中一般采用3B指令格式编制加工程序，而在低速走丝线切割机床中，则通常采用国际通用的 G（ISO）指令代码格式编程。编程方法可分为手工编程和计算机辅助自动编程，下面主要介绍计算机辅助自动编程。

电火花线切割自动编程是借助线切割软件来实现复杂图形的程序编制的，常用的软件有YH、CAXA 等。根据零件图纸尺寸绘出零件图，计算机内部软件即可自动转换成 3B 或ISO 代码线切割程序，非常方便。下面以"CAXA 线切割 XP"软件为例，来说明自动生成加工程序的方法。该软件的用户界面如图 12-5 所示，利用其进行自动编程的步骤可分为：作图、生成加工轨迹、生成代码和传输代码。

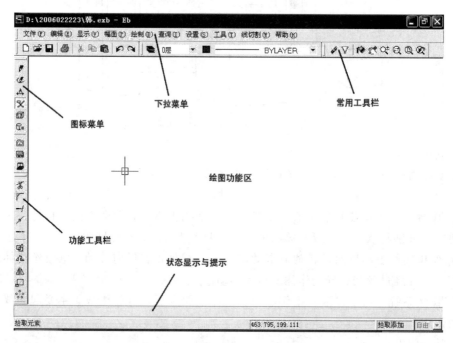

图 12-5　CAXA 线切割 XP 软件界面

（1）作图

CAXA 线切割软件提供了直线、圆、圆弧和样条等多种绘图命令，可用来绘制各种所需零件图形。本例中利用直线命令绘制一矩形。

（2）生成加工轨迹

ⅰ．点击"线切割">"轨迹生成"，弹出线切割轨迹生成参数表如图 12-6 所示，按实际需要填写相应的参数。

ⅱ．系统提示"拾取轮廓"，此时用鼠标点取所画矩形的底边，则该边变为红色虚线，并沿轮廓方向出现一对反向的绿色箭头，系统提示"请选择链搜索方向"，表示选择切割路径方向为顺时针还是逆时针加工模式，此处选择逆时针加工模式。

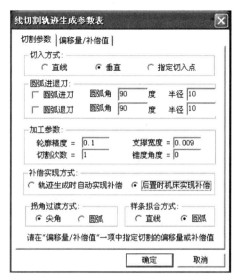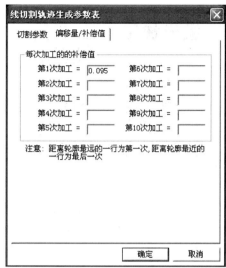

图 12-6　线切割轨迹生成参数表

ⅲ．选择逆时针加工模式之后，全部线条变为红色，且在轮廓的法向方向上又出现一对反向的绿色箭头，系统提示"选择切割的侧边或补偿方向"，表示选择切割内轮廓还是外轮廓，此处选择矩形内侧的箭头。

ⅳ．系统提示"输入穿丝点的位置"，选择坐标原点并回车确认。

ⅴ．系统提示"输入退回点（回车则与穿丝点重合）"，单击鼠标右键，表示该位置与穿丝点重合，系统自动计算出加工轨迹，即屏幕上显示出的绿色线。

ⅵ．点击"线切割"＞"轨迹仿真"，可对生成的加工轨迹进行仿真模拟。

（3）生成代码

点击"线切割"＞"生成 3B 加工代码"，则弹出对话框要求输入文件名和保存路径，输入并确定后系统提示"拾取加工轨迹"，此时用鼠标拾取绿色的加工轨迹并确定，则屏幕上弹出一个新窗口，显示新生成的 3B 代码。

（4）传输代码

选择"应答传输"命令，则系统弹出一对话框要求选择被传输的文件。选定刚刚生成的代码文件并确定后，系统提示"按键盘任意键开始传输（Esc 退出）"，按任意键即可开始传输文件。

12.3.5　数控电火花线切割加工的应用

数控电火花线切割加工在模具制造、精密零件加工以及新产品试制中应用广泛。

① 模具制造　适用于加工各种形状的冲模、挤压模、粉末冶金模、弯曲模、塑压模等，也可加工带有锥度的模具。

② 电火花成型工具电极的加工　使用线切割机床制造电火花成型工具电极特别经济，可加工用于穿孔加工、带锥度型腔加工的电极和微细复杂形状的电极。

③ 各种特殊材料和复杂形状零件的加工　电火花线切割可加工各种高硬度、高强度、高韧性、高脆性、高熔点的导电材料。

此外，在试制新产品时，可直接用线切割加工某些零件，不需制造模具，可大大缩短试制周期，降低加工成本。

12.4 激光加工

12.4.1 激光加工的原理

激光加工是利用光能经过透镜聚焦后达到很高的能量密度，依靠光热效应去除工件上多余材料的一种加工方法。

激光是一种经受激辐射产生的加强光，它具有高亮度、高方向性、高单色性和高相干性四大综合性能，通过光学系统可将激光束聚焦成直径为几十微米到几微米的极小光斑，从而将能量密度提高到 $10^8 \sim 10^{10}\,W/cm^2$ 左右，当激光束照射到工件表面上，光能被工件吸收并迅速转化为热能，使照射斑点处温度迅速升高、熔化、气化而形成小坑，由于热扩散，使斑点周围金属熔化，小坑内金属蒸气迅速膨胀，产生微型爆炸，将熔融物高速喷出并产生一个方向性很强的反冲击波，于是去除多余的材料，如图 12-7 所示。

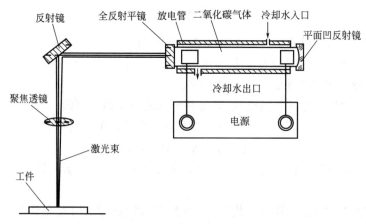

图 12-7　CO_2 气体激光器加工原理

12.4.2 激光加工的特点

ⅰ. 激光加工能量密度高，可以加工各种金属材料和非金属材料；

ⅱ. 激光加工无明显机械力，不存在工具损耗，加工速度快，热影响区小，易实现加工过程自动化；

ⅲ. 激光可透过玻璃等透明材料对工件进行加工，如对真空管内部的器件进行焊接等；

ⅳ. 激光光斑可以聚焦成微米级，又可以调节输出功率大小，因此可以进行精密微细加工；

ⅴ. 加工时无需加工刀具，属无接触加工，无切削力作用于工件，不会产生工具损耗。

12.4.3 激光加工的应用

① 激光打孔　利用激光可加工微型小孔，孔径范围一般为 0.01～1mm，最小孔径可达 0.001mm。可用于加工钟表宝石轴承孔、金刚石拉丝模孔、发动机喷嘴小孔等。

② 激光切割　激光切割的优点是速度快，切缝窄（0.1～0.5mm），切口平整，无噪声。目前激光切割已成功用于多种难加工金属材料的切割成型，而且大量用于非金属材料的切割，如塑料、橡胶、皮革、有机玻璃、石棉、木材、胶合板、玻璃钢、布料、人造纤维和纸

板等。

③ 激光焊接　激光焊接具有焊接迅速、热影响区小、无焊渣等特点，常用于微型精密焊，能焊接不同种类的材料，如金属与非金属材料的焊接。目前主要用于汽车车身薄板、汽车零件、锂电池、心脏起搏器、密封继电器等密封器件以及各种不允许焊接污染和变形的器件。

④ 激光热处理　激光热处理有很多独特的优点，如快速、不需淬火介质、硬化均匀、变形小、硬度可高达 60HRC 以上、硬化深度能精确控制等。激光热处理在汽车工业应用广泛，如缸套、曲轴、活塞环、换向器、齿轮等零部件的热处理，同时在航空航天、机床行业等也广泛应用。

12.4.4　JQD-Ⅴ型激光切割雕刻机

（1）机床概述

JQD-Ⅴ型激光切割雕刻机集切割和雕刻于一身，仅通过调节功率即可实现两种功能的切换。该激光切割雕刻机由机床本体及驱动电源、激光器及激光电源、计算机、循环水冷却系统及供气系统、导光系统、聚焦系统、切割软件系统几部分组成，如图 12-8 所示。

图 12-8　JQD-Ⅴ型激光切割雕刻机

JQD-Ⅴ型激光切割雕刻机主要适用于切割或雕刻有机玻璃、胶合板、橡胶、防火板、PVC 板、纸张、木材等非金属材料。

（2）机床操作面板简介

JQD-Ⅴ型激光切割雕刻机操作面板如图 12-9 所示。

① 总开关　用于给机床上电，开启机床及激光器电源。

② 电动机电源　用于开启机床，给电动机上电。

③ 激光电源　打开该键则激光器电源接通但不出光，同时水泵、气泵接通。

④ 高压工作　自锁式按钮，按下时激光电源高压上电，切割时此钮不按下，不出光。

⑤ 手动出光　按下出光，抬起不出光，供整定激光功率、测量光斑和调整光路用。

⑥ 电流调节旋钮　调节多圈电位器使工作电流变化，用功率计测出不同工作电流所对应的激光功率，例如：工作电流 20mA→激光功率 35W。

⑦ 急停开关　在紧急情况下按下此键，机床断电。

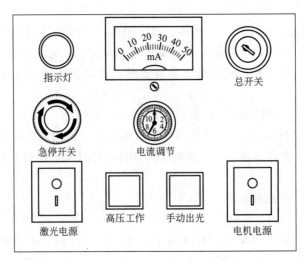

图 12-9　JQD-Ⅴ型激光切割雕刻机操作面板

⑧ 指示灯　当钥匙开关打开时，此灯点亮。

（3）机床操作步骤

ⅰ.打开计算机（注：如不开计算机而先开机床，激光器有时会出光）；

ⅱ.编辑图形或打开图形；

ⅲ.进入加工程序；

ⅳ.把材料放到物料架上，调整喷嘴高度，使喷嘴距离材料表面约 2mm；

ⅴ.移动光头至初始切割位置；

ⅵ.依次打开钥匙总开关、机床开关及激光器开关；

ⅶ.等蜂鸣器不响后，按下手动出光键，用电流调节旋钮设定电流；

ⅷ.按启动键即可进行加工。

（4）注意事项

ⅰ.开机前注意检查是否有螺钉松动，一定要把连线固接好再开机；

ⅱ.必须严格遵守开机和关机顺序：开机时要先开计算机再开机床，关机时要先关机床再退出系统；

ⅲ.必须在水气全通的情况下才能打开激光器，以免激光器受损及光学器件污染；

ⅳ.在相对湿度较大情况下慎用设备，以免高压放电或激光器输出窗及镜片受损，降低设备使用寿命；

ⅴ.由于激光器工作电压非常高，使用时要注意安全，远离高压端（即激光器非出光口一端）；

ⅵ.激光为不可见光，要注意不要被其所伤；

ⅶ.在计算机打开的情况下，切勿插拔并行口信号输出插头，以免多功能卡烧毁；

ⅷ.若欲在编辑过程中终止工作关闭计算机，则先退出"Windows"然后再关计算机；

ⅸ.如长时间不使用机床，请将反射镜组进光口盖上以防尘，下次开机前请注意打开堵盖；

ⅹ.激光器最大电流不得超过 24mA；

ⅺ.开机前务必检查水箱中的冷却水是否充足。

12.5 超声波加工

12.5.1 超声波加工的原理

超声波加工是利用超声频振动的工具冲击磨料,再由磨料撞击与抛磨工件,从而使工件成型的一种加工方法,其加工原理如图 12-10 所示。

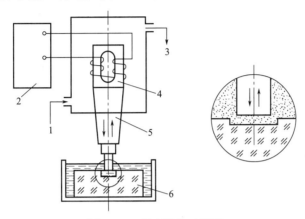

图 12-10 超声波加工原理
1—冷却水进口;2—超声波发生器;3—冷却水出口;4—换能器;5—变幅杆;6—加工工件

在工作中,超声振动使悬浮液内产生微空腔,这些空腔不断扩大直至破裂,或不断压缩以致闭合,从而产生很强的液压冲击波,引起加工表面破碎,强化了加工过程,这种现象称为超声空化。超声空化产生的冲击波还可使钝化的磨料崩碎,产生新的刃口,从而进一步提高加工效率。

12.5.2 超声波加工的特点

ⅰ.适宜加工各种硬脆材料,特别是不导电的非金属材料,如玻璃、陶瓷、石英、锗、硅、玛瑙、宝石、金刚石等。

ⅱ.超声波加工过程中,由于采用磨料悬浮液作为加工介质,因此工具材料硬度可大大低于被加工材料,用普通钢即可制造。工具端面容易加工成所需要的复杂形状,可用于各种复杂形状的型孔、型腔、成型表面的加工。

ⅲ.超声波加工在常温下进行,且用极其微小的磨料进行加工,因此加工精度比较高,而且加工表面无残余应力,不易出现组织改变、表面烧伤等缺陷。

12.5.3 超声波加工的应用

目前超声波主要用于孔加工、套料、雕刻、切割等,还可用来对电火花加工后的一些淬硬钢、硬质合金制作的冲模、拉丝模、铸塑模等进行后续的光整加工。另外,超声波还可用于清洗、焊接和探伤等。

12.6 特种加工安全技术条例

ⅰ.工作时着装要符合规定的要求。

ⅱ．工件装夹应牢固可靠，测量工件必须停机操作。

ⅲ．及时开启通风换气装置，避免加工过程产生的有害气体、金属微粒对操作者、机床设备造成的损害。

ⅳ．不能同时用手触摸电火花加工的两个电极。不能裸眼直视激光加工过程，更不能将手放置在激光喷嘴下方位置。线切割加工中过程中严禁用手触摸电极丝。

ⅴ．禁止用潮湿的手或带有油污的手接触控制开关和操作按钮。

ⅵ．加工时必须要有足够的循环油量进行冷却，工作介质的液面要高于工件一定距离，防止因工作液面放电产生的火花引发火灾。激光加工机的冷却水量要保证在规定的水平。

参 考 文 献

[1]　谷春瑞．机械制造工程实践．天津：天津大学出版社，2009．

[2]　周桂莲．工程实践训练．西安：西安电子科技大学出版社，2007．

[3]　沈其文，徐鸿本．机械制造工艺禁忌手册．北京：机械工业出版社，2001．

[4]　马保吉．机械制造工程实践．西安：西北工业大学出版社，2003．

[5]　肖华，王国顺．机械制造基础（下册）．北京：中国水利水电出版社，2005．

[6]　韩洪涛．机械制造技术．北京：化学工业出版社，2003．

[7]　李华．机械制造技术．北京：机械工业出版社，1997．

[8]　傅水根，李双寿．机械制造实习．北京：清华大学出版社，2009．

[9]　黄如林，汪群，刘新佳．金工实习教程．北京：化学工业出版社，2009．

[10]　郗安民．金工实习．北京：清华大学出版社，2009．

[11]　萧泽新．金工实习教材．广州：华南理工大学出版社，2009．

[12]　王丽英．机械制造技术．北京：中国计量出版社，2009．

[13]　袁梁梁．机械加工技能实训．北京：北京理工大学出版社，2009．

[14]　严绍华，张学政．金属工艺学实习（非机类）．北京：清华大学出版社，2006．

[15]　京玉海，施东秀．机械制造学习指导与习题．北京：北京理工大学出版社，2007．

[16]　王兰美．画法几何及工程制图．北京：机械工业出版社，2007．

[17]　林琨智，孙东．金工实践教程．北京：化学工业出版社，2009．

[18]　张学政，李家枢．金属工艺学实习教材．北京：高等教育出版社，2003．

[19]　魏斯亮，李兵，艾勇．金工实习．北京：北京理工大学出版社，2009．

[20]　周世权．工程实践（机械及近机械类）．武汉：华中科技大学出版社，2003．

[21]　于润海．机械工程训练报告．哈尔滨：哈尔滨工程大学出版社，2003．

[22]　蔡兰，王霄．数控加工工艺学．北京：化学工业出版社，2005．

[23]　唐刚，谭慧忠．数控加工编程与操作．北京：北京理工大学出版社，2008．

[24]　西门子（中国）有限公司．SIEMENS802S/C操作编程——车床．2000．

[25]　西门子（中国）有限公司．SIEMENS802S/C操作编程——铣床．2000．

[26]　北京北航海尔软件有限公司．CAXA机械制造工程师2006用户手册．2006．

[27]　北京北航海尔软件有限公司．CAXA线切割XP版用户手册．2006．

[28]　中国大恒（集团）有限公司激光工程分公司．JQD-Ⅴ型激光切割雕刻机使用说明书．2006．

[29]　胡传炘，刘建萍．热加工手册．北京：北京工业大学出版社，2002．

[30]　王文清．铸造工艺学．北京：机械工业出版社，1998．

[31]　牟林，胡建华．冲压工艺与模具设计．北京：中国林业出版社，2006．

[32]　简明冷冲压手册编写组．简明冷冲压手册．北京：机械工业出版社，2000．

[33]　中国机械工程学会塑料学会．锻压手册．第2卷：冲压．北京：机械工业出版社，2007．

[34]　邹大增．焊接材料、工艺及设备手册．北京：化学工业出版社，2001．